JN335674

綿向山のカモシカ

霊仙山のカモシカのつがい（左：雌「チャコ」、右：雄「ダンナ」）

カモシカの家族（「チャコ」と「ダンナ」とその子）

綿向山のカモシカ

ニホンジカとカモシカの接近遭遇

びわ湖の
森の生き物
4

森の賢者カモシカ

——鈴鹿山地の定点観察記——

名和　明

サンライズ出版

はじめに

カモシカ（ニホンカモシカ、学名*Capricornis crispus*）は日本にのみ生息する大型の哺乳類の一種である。カモシカを話題にする前に、かれらを含めた哺乳類の特色やとりまく環境などを少し整理しておきたい。

日本にはネズミやコウモリなどのような小型種から、ツキノワグマやニホンジカのような大型のものまで、実に多様な哺乳類が生息している。わが国にしかいない固有種も多い。もちろん、カモシカもわが国を代表する固有種である。いささか地味だが、海外から見ればパンダやコアラに匹敵する動物といえる。日本が世界に誇れるものはたくさんあるが、多様な哺乳類相もその一つだ。

それではどのようにして、多様な哺乳類が現れることになったのだろうか。大昔、ユーラシア大陸と陸続きだったころに入って来た動物たちが列島の中に閉じこめられ、南北に細長くさまざまな気候・環境の中で進化したのが原因だろうといわれている（阿部ほか２００５）。生物進化の島として有名なガラパゴス諸島と同じような現象が、やはり島からなるわが国でもおきたのではと想像される。

生物の多様性は、生物自身が生み出したものではあるが、まわりの環境やその変化が引き金となる可能性がある。日本列島はコンパクトながら、寒帯から亜熱帯まで、さらに海岸から高山までとさまざまな環境を有している。多様な環境があったから多様な生物が生まれたのだろう。実は、この多様な環境こそが世界に誇れるものかもしれない。

多様な生物を有することは、有形無形の資源を持っていることになり、私たちの現在や将来に役立つものと考えられる。しかし、それを維持管理する困難さや、動物による農林漁産物への被害など問題も発生することになる。

たとえば絶滅に瀕している哺乳類は多いが、たとえ一種でも絶滅する影響は、単に一つの資源をなくすだけにとどまらない。そのような状況は、同じ環境に生きるほかの生物をも絶滅させる可能性がある。そこまでいかなくても、生態系、つまり周囲の環境やほかの生物にも思わぬ影響を及ぼすだろう。もちろん、いったんなくした生物や環境を復元しようとすると、それはほとんど不可能か、大変な労力と費用がかかるであろうことは容易に想像できる。一方で、明らかに増えすぎた哺乳類についても、生態系への影響は否定できない。

本シリーズは、猛禽類、昆虫類、魚類、哺乳類などと琵琶湖を囲む森から水中にいたるまでの多様な環境に生息する生き物をテーマにしている。それぞれの動物の生活を通して、琵琶湖をとりまく自然の豊かさや課題を再認識していただければ幸いだと思う。

私に与えられたテーマは、カモシカなど森に棲む大型の哺乳類である。かれらは森に生き、湖岸に現れることはほとんどない。一見すると琵琶湖には無縁に見えるが、森と琵琶湖を結ぶ生態系の要素として、ひょっとしたら、現在の琵琶湖が誕生したころから生息し、その自然と共存し続けている。これらのことを念頭に置いて、カモシカの話を始めたい。

目次

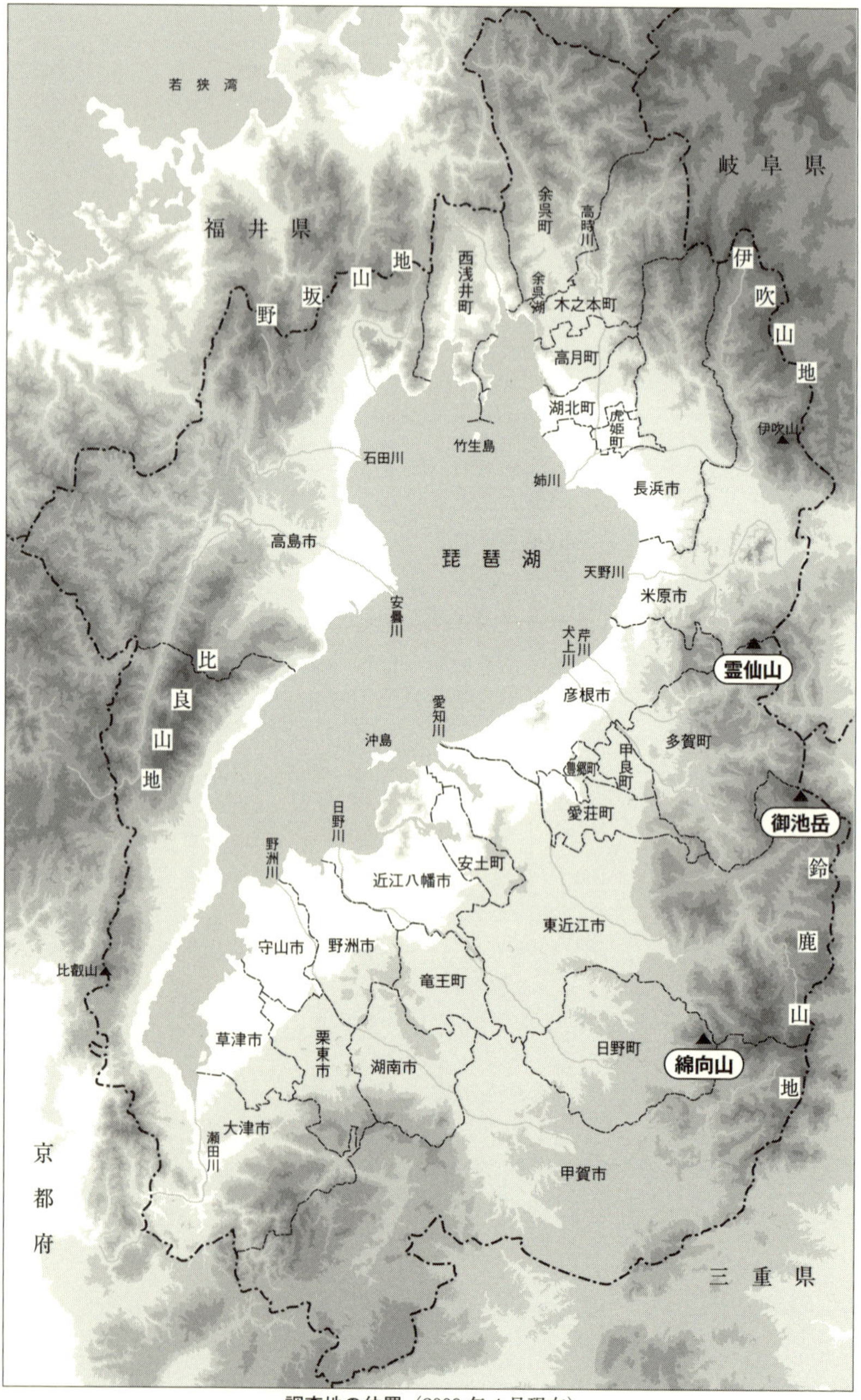

調査地の位置（2009年4月現在）

第1章　カモシカを追う

1. カモシカを探す

森の賢者「カモシカ」

山麓の関ヶ原では、昨夜から大雪警報が発令中だ。しかし、その上部にある霊仙山《りょうぜんさん》のわが定点では、粉雪は舞っているものの穏やかにカモシカ（ニホンカモシカ）を見ていられる。眼下のカモシカたちは大雪のなかで立ちつくしほとんど動かない（図1）。厳寒の中、いったい何を思ってじっとしているのだろうか。その様子を、とてもまねすることはできない。世の中の移り変わりに影響されることもなく悠然と生きている姿は、まるで「森の賢者」のように見える。

昨夕は腰までの雪をかきわけ、ようやく定着テントまでたどり着いた。雪の多い登りには苦労したが、帰りは雪を蹴《け》って夏より速く下山できるだろう。手は凍《こご》えて思うようにメモをとれないが、カモシカと静かに対峙《たいじ》できる至福の時間が流れていく（図2）。

図1　雪のなかのカモシカ

図2　凍りつく冬の定点

滋賀県をフィールドに、カモシカなど哺乳類の観察を続けていつの間にか30年を越えた。いつかはカモシカについてまとめてみたいと思いながら、今日になってしまった。これから滋賀県内に生息するカモシカを中心に、その生態や人とのかかわりの一端をお話ししたい。それが、長年にわたり彼らの生活をのぞき見してきた者から、カモシカたちへのせめてもの恩返しだろう。さらに、その内容を理解して問題点を指摘し、調査を発展できる若者が現われたら望外の喜びでもある。

動物観察へのあこがれ

小学生のころから生き物に関心があった。自宅の前に飛んで来るギンヤンマを追いかけ、出てきたモグラやアオダイショウに驚いていたものだ。それが本格化したのは今から40年近く前、大学で生物を専攻し始めてからであった。野外で生き物を見ること、フィールドワークは楽しい。講義や実験の合間には、皆で白衣を着たまま周辺の里山へ繰り出すのが日課であった。何のことはない、今で言う自然観察会である。大学に野生生物の生態を学ぶ研究室はなかったが、かわりに学友から昆虫や鳥類、植物などの講義を受けていたようなものである。友や自然環境に恵まれた楽しい学生時代であった。

当時はムツゴロウこと畑正憲《はたまさのり》氏が、北海道の自然のなかで動物たちと新しい生活を始めたころだった。氏の動物や自然とのつきあい方に共感をおぼえる学生も多かった。研究室の本棚には、実験器具に混じって、ムツゴロウ文庫が並んでいたことを思い出す。

ある時、動物とは無関係のはずの植物生理学の講義で女性教授が「今年のノーベル賞には驚いた。

数式も反応式もない文章だけの論文で、コンラート・ローレンツらが受賞した」と話し始めた。「刷《す》り込み」や「行動の解発因」などを発見したローレンツの、対象となる動物を遠くから覗くのではなく、動物の中に入って観察する手法や発想は新鮮で楽しさにあふれていた。同時にノーベル賞を受賞したティンバーゲンらの著した『足跡は語る』は、動物の生活痕跡《こんせき》からその行動をみごとに推理しており、見るたびにわくわくさせてくれる。

野生動物への刺激にあふれた時期が学生時代と重なったことは、偶然とはいえ幸運であった。さまざまな刺激のなかで、いつかは野生動物を見たい、フィールドワークをしたいとの思いが少しずつ膨らんでいった。現在も野生動物調査を続けている同年代の研究者が多いのは、同じような時代を過ごしたからだろうか。

調査地を探す

奉職後は野生の哺乳類を見たいとの一心で、とにかく休日には山に入った。最初に目をつけたのは、学生時代から慣れ親しんだ鈴鹿山地の御池岳《おいけだけ》周辺であった（巻頭の地図参照）。およそ2年間、御池岳の北西面の尾根や谷をつぶすように何度も踏査した。しかし、得られたものはニホンジカの落角《らっかく》1本だけであった。今にして思えば御池岳周辺は二次林が発達していて見通しがきかず、哺乳類を直接観察するには不向きだった（図3）。

次に調査地（フィールド）として選んだのは、鈴鹿山地北部の霊仙山である。自宅のある名古屋から公共交通機関で通いやすいこと、登山道が多く、山奥まで容易に入山できることなど、なんとなく選んだ山域であった。それがまさか19年間も毎週のように通うことになろうとは思ってもみないことであった。霊仙山でも御池岳の時と同様に、さまざまなルートを踏査することから始めた。やがて、調査地と呼べるフィールドを偶然見つけることができた。はじめは列車で、原付バイクで、さらに自動車で、雨の日も雪の日も週に1度は通い続けた。

調査地により調査目的は制限される。その意味で調査地選びは、慎重にあるべきだ。そもそも、目的や計画に応じたフィールドを探すのが手順としては正しい。しかし、行動する範囲が広い大型の哺乳類調査ではそうもいかない。調査地に応じて、調査目的が決まることも多い。うまく調査地が見つかればしめたものだ。はるかに遠い調査地のためにわざわざ近くに引っ越したり、家を借りてフィールドである無人島に通ったりする研究者もいるほどだ。日曜観察者の私にとって調査地の第一条件は、自宅や勤務地から通いやすいことであった。その後の調査地も自宅のある愛知より、通いやすい滋賀にあった。愛知の住人が滋賀の動物と結びついたのは偶然だった。今にして思えば、そこで豊かな自然に出会えたのは幸運なことであった。

図3　御池岳山頂部

調査の始まり

霊仙山でカモシカの情報に初めて接したのは、１９７７年（昭和52）１月、雪原の広がる頂上部から下っていた時だった。先行する二人連れの登山客が、９合目付近で立ち止まり何かを話していた。声をかけたところ「雪面を移動する２頭のカモシカを見た」とのことであった。後ほど送っていただいた写真には、母子と思える２頭連れが写っていた。鈴鹿山地にカモシカが生息するとは聞いていたが、こんな大きな動物が野生のまま生きているのかと大変驚いた。

はじめは、生息していることがわかった頂上部でカモシカを再確認することに集中した。水場も近い柏原《かしわばら》登山道の８合目に定着用のテントや食料、観察機材をかつぎ上げ、頂上部各所を踏査調査することにした（図４）。霊仙山の頂上部は、藪《やぶ》谷、幾里《いくり》谷や谷山谷など、長大な谷が多く集合して複雑な地形をつくっている。しかし、稜線上や炭焼き窯《がま》跡につながる廃道も多く、踏査はさほど難しくはなかった。やがて、カモシカやニホンジカを少しずつ目撃できるようになったが、調査にはほど遠いものであった。

ある時、北霊仙ピークからプロミナー（単眼望遠鏡）で周辺を観察していると、谷山谷の源流部に

図４　冬の霊仙山山頂部

ある新しい造林地でカモシカを何回か目撃できることがわかった。何度か場所を変え、やがて造林地の対岸に観察定点を設定することにした。鈴鹿山地のカモシカは神経質で、人間を見たらすぐに逃げる。やみくもに歩き回って動物を探すより、調査地を絞り定点から見続けた方が、効率よく目撃することができた。こうして自然に、動物から少し距離を置いた一点より見続け、行動などを記録する「定点観察法」を行うようになっていった。教えてもらえる先生もなく、地域にも自分にも合った観察方法は自力で開拓するしかなかった。なんでも記録しよう、とにかく見てみようという意気込みだけで調査を始めた。

2. カモシカとは

「幻」の動物

カモシカとは、どんな動物なのだろうか。１９６０年代まではカモシカについての報告も少なく、その生態は不明なことが多かった。日本固有の哺乳類で希少であることから国の特別天然記念物に指定されているにもかかわらず、幻の動物といわれていた（小野２０００）。

１９７０年（昭和45）前後から各地で熱心な研究家たちがカモシカの直接観察を始め、その生活史や行動が少しずつ明らかになっていった。

しかし、単に熱心な研究者がわずかばかりいるだけでは難しい調査もある。分布調査や個体数の推定などでは全国的な調査が必要で、多くの予算や人材がいる。結局、このような大規模な調査は行政の主導で行われることになる。貴重な税金を使うわけだから調査には切迫した理由が必要だ。カモシカも同様で、ヒノキなど植林された苗木を食べてしまう被害問題から調査が始まることになった。

一方、旧財団法人日本カモシカセンターなど飼育施設の功績も特筆すべきものがある。1960年代当時には飼育が困難と言われていたカモシカを繁殖させる過程で判明した繁殖、成長、疾病などに関する記録は特に重要といえる（伊藤 1971）。鈴鹿山地の盟主である御在所岳山頂にあった日本カモシカセンターは、数々の業績をあげたものの2007年（平成19）に閉園となってしまった。滋賀県内のカモシカとも関係が深かっただけに、同センターの閉園は、まことに残念な出来事であった。最近、動物園など飼育施設のあり方が話題となることが多い。カモシカセンターのような飼育施設は啓蒙、普及機関としてだけではなく研究機関としても、なくてはならない存在といえる。

さまざまな経緯から「幻」であったカモシカの生態が、少しずつ明らかになっていった。

形態の特徴

カモシカは、偶蹄目《ぐうていもく》ウシ科に属している。偶蹄目とは、四肢《しし》の指の本数が親指の退化で4本（偶数）となった哺乳類のグループである。この仲間にはカモシカの他に、シカ、ウシ、ヤギなども含まれ、その種類は多い。

カモシカは、おもに山地帯に飛び石のように分布する。これは、古く氷河期から生息していたが、氷河の衰退にともない飛び石状に残存したからではないかと推測されている（宮尾　1977）。その形態も、古く氷河期から続いているものかもしれない。

カモシカは2・5歳以上になると、成長の伸びが緩やかとなり成獣とみなされる。大きさは、頭から尾の先まで1mを少し超え、体重は30〜40kgほどになる（三浦　1986）。大型獣とはいうものの、一抱えほど、大型犬くらいの大きさと思えばわかりやすい。雌雄ともに同じような大きさの角があり、体の大きさも違いはあまりなく、外見からはほとんど雌雄は区別できない（図5）。同じような環境に生息するニホンジカは、雄にだけ角があり体も大きいなど、雄雌で形態がかなり異なっている。同じ植物食性とはいえ、カモシカはニホンジカとずいぶん異なる形態の動物といえる。このことは、行動や社会構造など、さまざまな面にもおよんでいる。

図5　雌（左）と雄（右）。第2章2節で登場する「チャコ」と「ダンナ」

角・眼下腺・歯

カモシカの形態で目立つのは、小さいながら角といえるだろう。角は一生にわたり少しずつ成長を続け、ニホンジカのように毎年落ちることがない。長さは10〜20cmと小さいが、年齢などについて重要な情報を与えてくれる（三浦　1985）。定点観察では、体の大きさとともに角の大きさを見る。頭部に少し角が見えるのが0～1歳と判断できる。そのほか、若獣（1～2歳）、成獣（2・5歳以上）と角は大きくなる。角の根元にある環状の溝は角輪と呼ばれ、加齢するとともにその数を増していく（図6）。死亡した個体であれば、この角輪の数で年齢を推測するが、判断はなかなか難しい。

　同じく目立たないが重要なものに、両眼の下にあるコブ状の眼下腺《がんかせん》がある（図7）。眼下腺は、固まると樹脂のような粘りのある分泌物を出す。カモシカはこの分泌物を、木などの梢《こずえ》や細い幹などに擦《す》りつけることがある（図8）。興奮すると所かまわずに擦りつけるが、おもに自分の存在を誇示するなど、縄張りと関連がある行動といわれている（落合1992）。

　歯ならびも独特で、上あごに前歯となるべき門歯がない（図9）。葉などを採食する時は引きちぎるようにして口に入れる。採食跡（食痕《しょっこん》という）は、上下のあごに門歯があるノウサギのように鋭い切断面ではなく、植物繊維が残る特有の食痕となる（図10）。ニホンジカの歯の構造

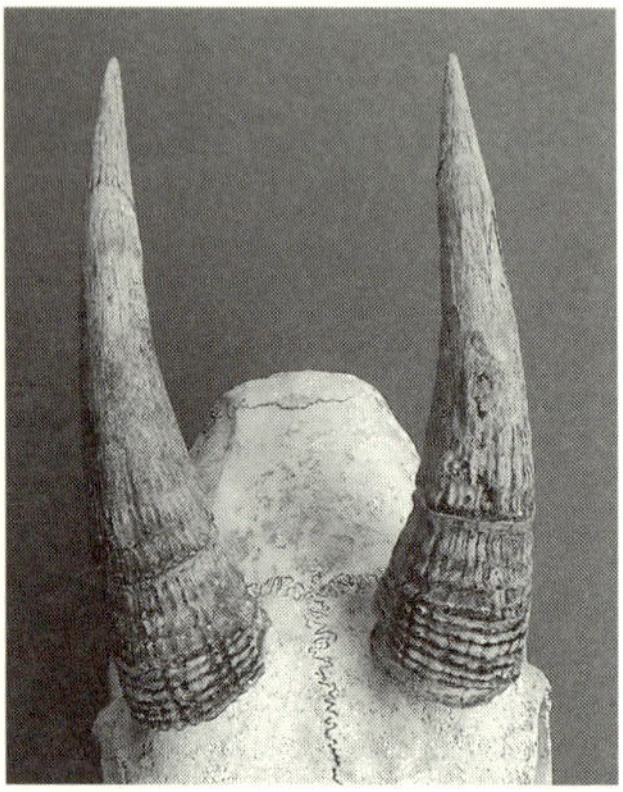

図6　カモシカの角（根元に角輪がいくつも見える）

図7　カモシカの顔（目の下のこぶが眼下腺、秋田県太平山）

図8　眼下腺からの分泌物を擦りこむ（青森県九艘泊）

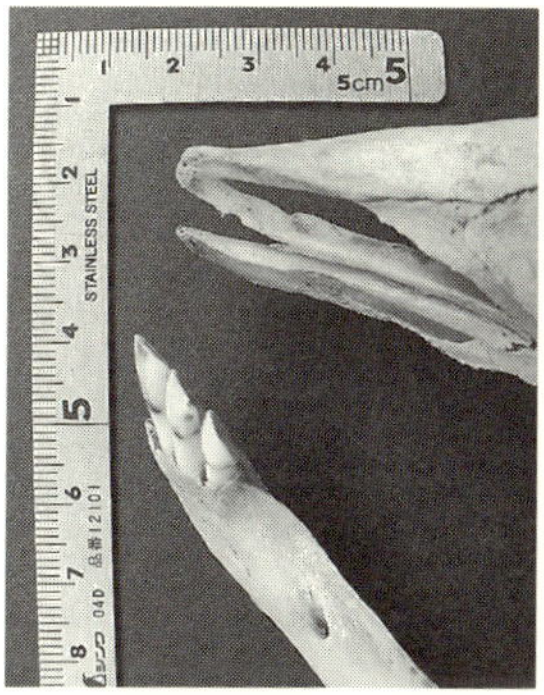

図9　カモシカの上あご（上）
には歯がない

図10　カモシカの食痕（アオキ）

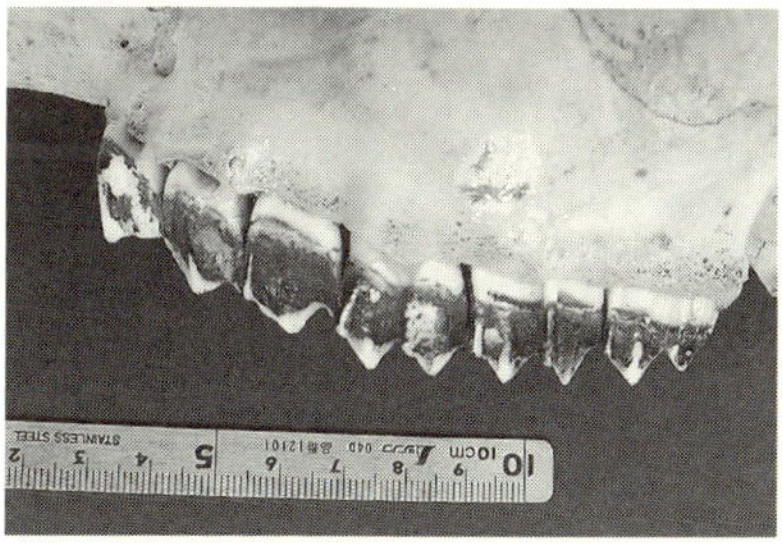

図11　樹脂がついて黒いカモシカの歯

もほとんど同じなので、両者の食痕を目で見て区別することはきわめて難しい。臼歯《きゅうし》が大きいのも植物食の動物の特徴といえる。よく噛んで反芻《はんすう》するため、年齢を重ねるごとに、歯は磨り減っていく。磨耗《まもう》の程度は、齢査定に生かすことができる。

　カモシカの歯はまっ白ということはまずない。歯の表面は黒ずみ汚れている（図11）。黒ずみは、多少擦ったぐらいでは取れない。一見すると、タバコの脂《やに》に似ている。どうやらこれは、樹木などの「やに（樹脂）」のようである。それがこびりつき歯の表面が黒くなったのだろう。歯だけを見てもカモシカが植物食であることがよくわかる。

足跡

ニホンジカと識別が難しい生活痕跡に足跡がある。哺乳類の基本的な指の数は5本である。ところが、カモシカやニホンジカでは、中指と薬指が大きく発達しており、副蹄《ふくてい》と呼ばれる他の2本は退化し後ろ向きに小さくついている。よって、地面についた足跡は、前向きにとがった爪が2本で、まれに副蹄が小さく残る（図12）。爪先立ちしている状態なので、足裏全体が地面についているより速く走れる。ニホンジカではカモシカより爪先が鋭く、スマートに見える。よほど慣れないと両者の区別はつかないし、典型的といえども断定はできない。同じ方向に多数の同じような足跡があればニホンジカ、1頭か2頭であればカモシカとするなど、周囲の状況を加味するのもよいが、決定的なものではない。

カモシカの足裏は、吸盤のように岩に張りつくという噂を耳にする。しかし、彼らは岩の上に爪を乗せているだけである。足元もほとんど見ていない。かつて、青森県の下北半島で、足を踏み外して海に落ちるところを見た（図13）。近視気味であまり近くが見

図13　カモシカも海に落ちる！

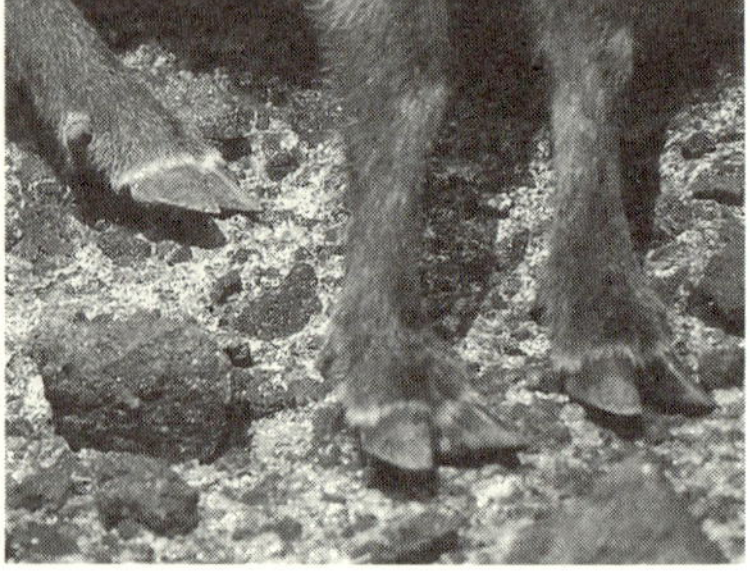

図12　カモシカの爪先

えていないのかもしれない。それでも岩場を得意としているのは、バランスの取り方が優れているからだろう。爪先がかかれば、難なく移動ができるようだ。まるで、絶妙なロッククライマーといえるかもしれない。

カモシカの五感

五感などの感覚はどの程度のものだろうか。観察で見たことから推測してみたい。

遠くを見ることは得意のようだ。対象物が動いていればなおさら認識するのが速い。私たちが数倍の双眼鏡を使って見るのと同程度の視力をもっているように思える。動物の観察を得意とするベテランの観察者は、同じ場所を見続けていると、どこにどれくらいの大きさの木や岩があるか無意識のうちに覚えてしまう。いつもはないような物体（たいていは動物）があればすぐに気づき、双眼鏡を構える。おそらくカモシカも、そのような認識の仕方をしているのかもしれない。それに対して、近くを見るのは不得意のようだ。近視の状態に近いのではないだろうか。遠くも暗闇でも見ることのできるすばらしい眼にも欠点はある。

嗅覚は鋭い。カモシカは時々、頭をあげて鼻を突き上げることがある。くんくんと周囲の臭いを嗅いでいるようだ。鼻を上げ嗅ぐ行動はニホンジカやツキノワグマなど、ほかの哺乳類でもよく見られる。

ちなみに、野生の動物といえば「獣くさい」と思われる方が多いが、ぷんぷんと臭うようなものではない。私の（人間の）鼻の感度が鈍いのかもしれないが、なんでも食べるツキノワグマでも体に鼻を近づけるとかろうじて鰹節《かつおぶし》のような臭いがするだけだし、カモシカでも乾いた臭いが少しする程度だ。

音にも敏感だ。地面に腹や肢をつけ座っている場合は、地面からの振動も感じ取っているように思える。ただし、その感度は地形や風向きなど周囲の状況によってもずいぶん変わってくる。たとえば、対斜面の物や音は見やすく聞きやすいが、同じ斜面では見づらく、聞きとりにくい。敏感な感覚の持ち主とはいえ、同一斜面にいるのであれば思いのほか近づくことができる。

いずれにせよ、人間とくらべ格段に鋭い感覚を持っていることはまちがいがない。

3. 全国のカモシカと滋賀のカモシカ

全国のカモシカ

カモシカは日本固有の哺乳類とはいえ、全国どこにでもいるわけではない。本州・四国・九州の一部にのみ生息しており、北海道や沖縄などにはいない。また、本州でも中国地方には、なぜか生息していないようだ。カモシカは、山の動物と思われているが、場所によっては海の近くにも生息している。

「所変われば…」のたとえのように、それぞれの生息地にさまざまなカモシカたちが生息している。たとえば、体毛の色(毛色)は地域ごとに異なることが多い。季節によっても毛色は違ってくる。概して冬毛は白っぽく、夏毛は黒っぽくなる。特に冬毛の白い綿毛のような下毛は毛色をより白く見

図14　カモシカの観察地

図15　海上にカシワの森が続く（青森県九艘泊）

せる。夏毛で比較すると、一般的に東北地方のカモシカにくらべ、中部地方以南では毛色が黒くなる。体形も北のほうが、四肢《しし》が長くスマートに見える。観察には土地管理者の許可が必要な場合が多く、各地の状況も時間の経過とともに変化してはいるが、その生息環境や毛色の違いなどを紹介してみたい。（図14）

下北半島九艘泊（青森県むつ市）

下北半島の根元にあたる海岸沿いに九艘泊《くそうどまり》という漁村がある。もともと北限のサルの観察地として知られている地域である。周辺は、カモシカにとっても北限の地といえる。津軽海峡を越えて北海道には野生のカモシカはいない。海から立ち上がる崖の上にはミズナラやカシワなどの落葉広葉樹林が広がり、その奥にはヒバやスギなどの造林地が続く（図15）。

この一帯は、１９７０年代からカモシカの観察地・調査地として有名であった（下北野生動物研究グループ　１９８６）。特色は、なんといってもカモシカが人に慣れていることである。鈴鹿山地でも偶然近くで観察できることもあるが、カモシカは頭を下げ前肢で地面を叩くなど威嚇し、その後は一目散に走り去ることが多い。しかし、九艘泊では人が近づいても、すぐに逃げることはあまりない。わずか数m先で、双眼鏡なしで観察ができる（図16）。もちろん、個体の特徴もはっきりわかる。カモシカに干渉する可能性のあるニホンジカもいない。カモシカの生態を調査するには全国でも最適な場所といえる。

かつて、カモシカは深山の動物といわれてきた。しかし、九艘泊では、カモシカは海辺の波打ち際も歩く。毛色は白っぽく、顔面などには一瞬オレンジ色と見まちがえるような明るい褐色の額をもつ個体もいる。滋賀のカモシカとは、環境、行動、毛色いずれもずいぶん違うようだ。

太平山（秋田県秋田市）

カモシカの観察地として、九艘泊と同様に以前からよく知られていた（米田 1976）。秋田杉のみごとな大木のなか、人慣れしたカモシカが生息している（図17）。大きなスギの切

図16　海岸に現れたカモシカ（青森県九艘泊）

図17　秋田杉の森（秋田県太平山）

図18　**太平山のカモシカ**（秋田杉の伐根下で休息中）

図19　**カモシカをさがす**（山形県朝日鉱泉付近）

り株などで座位休息しているカモシカは見つけやすい（図18）。見通しがよく歩きやすいので、広い面積を調査地にすることができる。毛色は九艘泊とよく似ており全体に白っぽく、滋賀とはかなり違う。

　足繁く通う調査地も必要だが、たまに遠く離れた生息地におもむくと、おどろくような場面に遭遇する。ある暑い夏、カモシカを見るため尾根を越えて小さな谷に入った。そこには、腹ばいで流水につかり涼んでいるツキノワグマがいた。カモシカもいれば、クマもいる。注意は必要だが、哺乳類好きにはなかなか楽しい場所である。

朝日鉱泉周辺（山形県朝日町）

　朝日連峰登山の入口にある朝日鉱泉の周辺も、観察地として知られている（木内ほか １９７８）。一般に、カモシカの分布域はブナ・ミズナラなどを含む落葉広葉樹林帯の分布域によく一致している（環境庁自然保護局 １９８９）。鉱泉の周辺は、まさしく見事なブナの自然林である（図19）。カモシカ本来の生息地で観察できるのは、すばらしいことだ。ここのカモシカは他所に比べ、さらに白っぽく、スマートだ（図20）。個人的には日本で一番美しいカモシカたちだと思う。鈴鹿山地の黒っぽくずんぐりしたカモシカを見慣れた目には、毛色はもちろん体形もずいぶん違って見える。

山奥の一軒家である朝日鉱泉には、登山客だけでなく、釣り客や野生動物を見ようとする人もたくさん集まる。鉱泉の建物内からカモシカを観察するという「お座敷観察法」が名物でもある。

足尾山地（栃木県日光市）

日光市中禅寺湖の南に広がる地域である。足尾山地は、古くから銅を産出する山として知られている。公害の地としても知られており、製錬《せいれん》工場からの鉱毒で周辺の山の樹木が枯れ表土が流出した岩山が続く（図21）。私が以前から年に何回かは通う調査地の一つでもある。10年ほど前には、落石の音が響くなか、ススキなどわずかに

図20　華麗な朝日鉱泉付近のカモシカ

図21　荒れた山肌が続く足尾山地（栃木県日光市）

図22　足尾山地のカモシカ（かつては普通に見られたのだが…）

図23　雪崩に磨かれた岩盤が続く（新潟県笠堀）

見られる植生を食物としてカモシカが多数生息していた。その体形は滋賀のカモシカのようなずんぐり型だが、毛色は明らかに薄い褐色で白っぽい（図22）。

現在は、カモシカは数を減らしニホンジカが多くなっている。最近はツキノワグマを見ることも多い。年間を通じてクマを直接観察できる貴重な場所となっている。カモシカが急速に減少した理由として、ニホンジカの急増があげられている（小金沢 1999）。以前は林道を1日歩くだけで、カモシカを何頭も目撃できた。ところがある年の春、10頭以上ものカモシカの死体が見られて以降、今では1日歩いても1頭も目撃できなくなるほど生息数は減ってしまった。シカやクマも含めた大型獣の生息状況の変化は、予想外に速い傾向がある。直感ではあるが、10年もすれば生息状況は大きく変わる。滋賀でも足尾山系と同様の変化が起こるかもしれない。

笠堀（新潟県三条市）

笠堀《かさぼり》ダムの上流部、度重なる雪崩《なだれ》によって表土がなくなり岩盤が露出しているような急傾斜地にもカモシカはいる（図23）。カモシカは岩山に棲むという一般の人が思い浮かべるイメージどおりの地形といえる。もちろん、観察するためカモシカに近づくことは困難だ。岩にへばりつくわずかな草本などを求めて、カモシカは断崖を移動する。ここのカモシカの毛色は黒から白っぽいものまで、まさにいろいろ現れる（図24）。現地の観察者は色見本帳を使って、その色を確認するほどである。

長野・岐阜・愛知

長野には、植林された造林木の枝葉をカモシカが食害し、木が枯れたり樹形がまっすぐにならず変形したりする被害地がある。同じような被害地である岐阜の西濃地方も状況はよく似ている。スギやヒノキの造林地内に、滋賀によく似た黒っぽい毛色のカモシカが生息している。最近、名古屋市内にもカモシカが生息していることを確認した（図25）（名和・石黒 2008）。やはり、長野・岐阜の個体によく似た毛色、体形であった。名古屋市内の

図24　笠堀のさまざまな色あいのカモシカたち

図25　名古屋市内にもカモシカがいる

図26　白っぽい滋賀県余呉町のカモシカ

図27　黒っぽい鈴鹿山地のカモシカ

カモシカについては後ほどふれたい（第4章5節参照）。

四国・九州

四国では徳島県の剣山《つるぎさん》周辺に、九州では大分県と宮崎県にまたがるの祖《そ》母《ぼ》山・傾山《かたむきやま》周辺に、カモシカの生息地がある。周辺を何度か探査したが、カモシカには出会えなかった。大分県教育委員会（1980・1981）による祖母山系の報告書の写真で見ると、体形はずんぐりしており、毛色は黒っぽい滋賀の個体によく似ているように見える。

滋賀のカモシカ

カモシカの毛色は、滋賀県内でも微妙に異なっている。湖北地方余呉《よご》町には、東北地方のカモシカを思い出させるほど白っぽい個体がいる（図26）。それに比べ、鈴鹿山地のカモシカは、ずいぶん黒っぽい（図27）。一つの県内でさまざまな毛色が現われるのも珍しい。まれに、アルビノと呼ばれる遺伝的にまっ白な個体の生息情報が流れることがある。

最近行われているDNA分析から見れば、体毛の色はあいまいな表現型にすぎない。しかし、体毛色とＤＮＡ分析が結びつく時代がもうすぐそこまで来ている気がする。この表現型には食物など外界の環境も影響している可能性があり、地域の比較を困難にしている。だが、体毛の色でどこの産地かがおよそわかるということは、かなりの相違点ともいえる。毛色だけからも、鈴鹿山地のカモシカは他の地域とは異なる、ここにしかいない個体だといえるかもしれない。

滋賀県内の山地は藪山《やぶやま》が多く地形も複雑で広域での複数頭のカモシカ観察は困難であり、残念ながら生態について新たな発見が期待できる場所ではない。しかし、体毛の色と同様に、ここでしかわからないカモシカの生活が見られるかもしれない。調査にはいささか問題のある鈴鹿山地の霊仙山と綿向《わたむき》山に、長年通っている私の調査地がある。

第2章　霊仙山のカモシカたち

1. 調査の方法

霊仙山

おもに、石灰岩からなる霊仙山《りょうぜんさん》は、岐阜県と滋賀県の県境にある。春の花を探して、冬の雪を求めて、たくさんの登山客でにぎわう名山である。標高1084mの山頂部からの展望はすばらしく、南に鈴鹿の山々、西に琵琶湖、北に伊吹《いぶき》山を望むことができる。ドリーネ（すり鉢状のへこみ）や洞穴など石灰岩質独特の地形を有する山塊は大きく複雑である。この山に、初めて登ったのはいつのことだろう。当時興味があった昆虫採集に訪れ、ずいぶん長い時間歩いた記憶がある。

カモシカを見ようと1975年（昭和50）から入山したが、初めて目撃できたのは1977年1月のことであった。その後、定点の位置を少しずつ変更し、現在の定点からデータを取り始めたのは、入山日数がのべ190日を超えた1979年末からである。ずいぶん遠回りをしたが、その間に身に付けた土地鑑《とちかん》は、のちの調査に大いに役立った。周囲の環境、季節感を知るためにも必要な時間だったかもしれない。

年間を通じて、安定した調査がなされたのは1980～1993年（昭和55～平成5）の14年間である。調査日数はのべ1000日、3805時間になった。平均すると年間71日は調査しており、調査1日（回）あたり3・8時間は定点に座って調査していたことになる（表1・図28）。カモシカを調査開始時間から目撃できるまでに要した時間数をまとめるとおよそ3時間で8割ほどのカモシカ

表１　霊仙山調査地における調査日数・時間数

年	日	調査時間数	平均調査時間／日
1980	28	154.7	5.5
1981	72	261.7	3.6
1982	91	368.9	4.1
1983	92	338.4	3.7
1984	74	261.6	3.5
1985	93	367.4	4.0
1986	82	358.3	4.4
1987	83	324.8	3.9
1988	78	283.3	3.6
1989	77	289.2	3.8
1990	83	318.0	3.8
1991	66	222.9	3.4
1992	54	183.2	3.4
1993	27	72.3	3.7
合計	1000	3804.7	—
平均	71.4	271.8	3.8

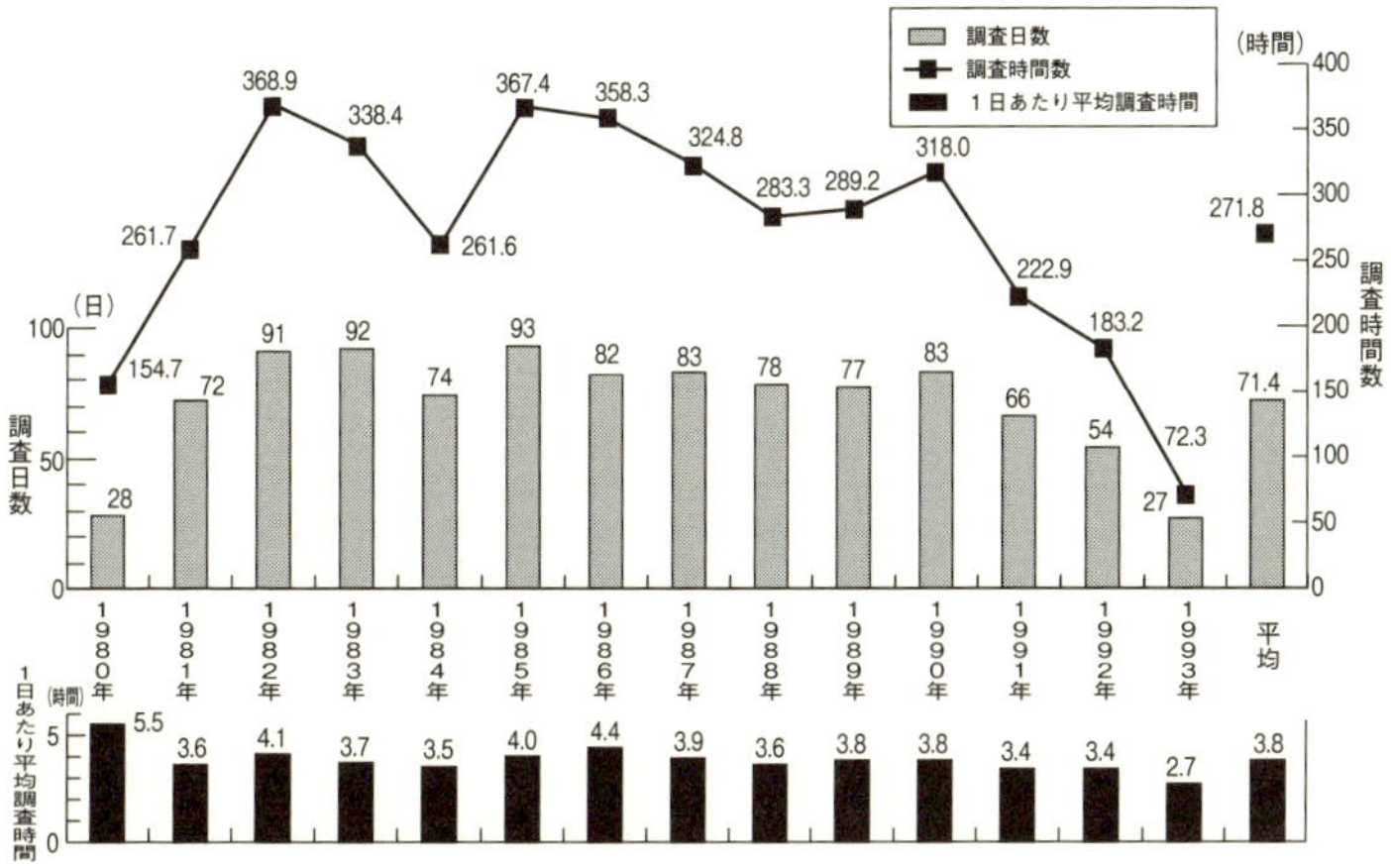

図28　霊仙山における調査日数・時間数

を目撃していることがわかった（図29）。経験則ではあるが、この結果からできるだけ連続3時間は見続けることを原則とした。

調査できなかった日も含めた入山日数では、多い年は4日に1回は山に入っていたことになる。仕事を持つ身では、これが限界であった。調査日数の最多は9月、最少は意外にも8月であった。調査時間数では2月が最少であった。厳冬期の2月は積雪のため、定点に着くまでに時間がかかり、調査回数が多いわりには調査時間数が少なくなった（図30）。調査時間数は3時間にわずかに足りないが、積雪のためカモシカを見つけることは容易だった。

調査地に入る

調査地は、谷山谷の最上流部の標高約700〜850mにある（図31）。おもに1970年から1971年に植付けられたスギやヒノキの幼齢造林地約20haであるが、造林に不適な岩場にはシロモジなどを含む二次林が点在していた（図32）。谷をはさんで調査地の対岸に定点を設置した。調査当初には樹高1mほどで見通しのよかった造林地も、今では地面を見通すことができないほどに大きく成長した（図33）。

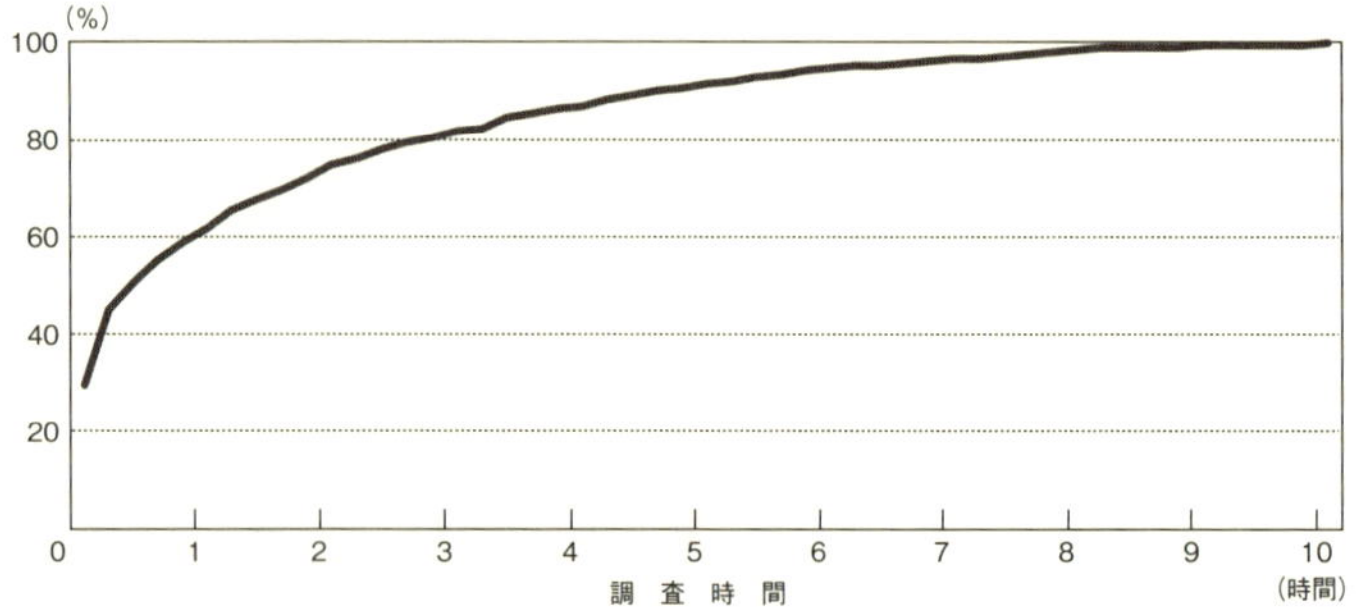

図29　調査時間による目撃頭数の変化

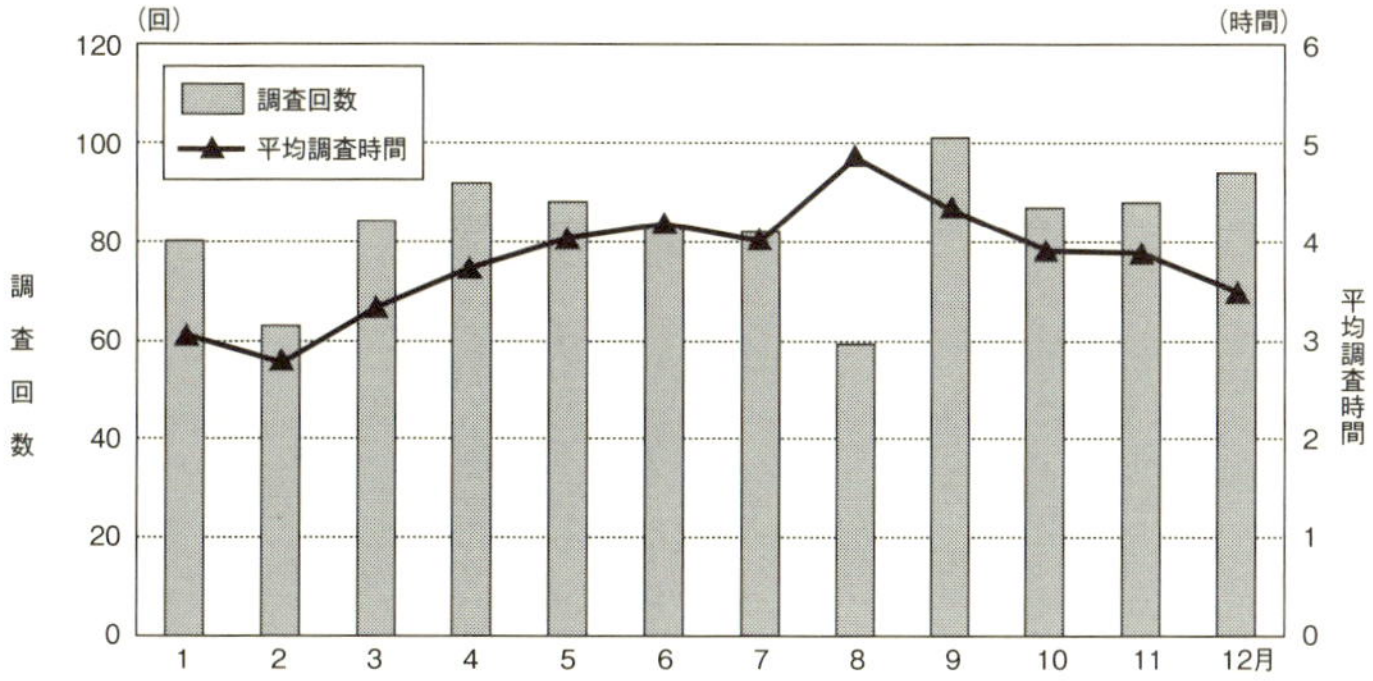

図30　調査回数と平均調査時間

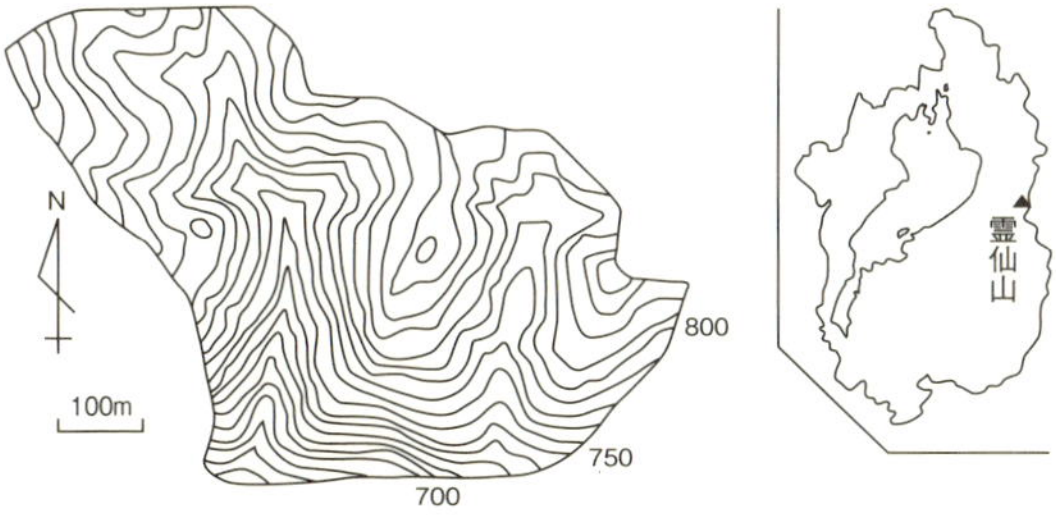

図31　霊仙山調査地

図33　最近の調査地（造林木が育ち観察しづらい）

図32　調査を始めた頃の霊仙山調査地

雲仙山の標高は１０８４ｍであるから、調査地はおよそ7〜8合目にあたる。この標高では、悪天になると調査地は雲の中に入ってしまう。観察中に霧の発生で幕が引かれるように何も見えなくなってしまったことや、苦労して到着したものの霧のため調査地が見渡せず調査できないことが何回もあった。入山の困難さや悪天の多さを考慮すると、調査地の標高は低いほうが望ましい。だが、低くすれば今度は人間活動の影響が出てしまう。

定点までの登りは1時間半ほどかかる。土曜日の半日勤務を終え昼過ぎに愛知県を出発すると、定点への途中にある標高８００ｍ付近の定着テントに着くのは午後4時ごろになる。荷物を置き、双眼鏡とカメラだけを持って定点に急ぐと、動物の見られる確率の高い夕刻の貴重な調査ができる。下界の街がちらちら灯り出すころテント場に戻り、一段落となる。翌日の早朝ふたたび定点にむかい、夕方に下山するのが日課であった。

勤務が午後にかかると夜間の登山となる。テント場に夜半0時をまわった頃に着いたこともあった。あまりおすすめできないが、これが意外におもしろい。夜は昼以上に、どんな動物が出るかわからない楽しみがある。哺乳類はそのほとんどが夜行性であり、昼間以上に活動していることを考えると、なんら夜を気にすることはない。動物たちにとって夜が私たちの昼で、昼が夜なのだ。暗闇を怖れる必要はない。やがて、真っ暗な中でガサッと音がしたら驚いて逃げるのではなく、音のしたほうをじっと見て近づけるようになるものである。ヘッドランプの灯りをたよりに山に登るのは、さまざまな動物に出会える好機だ。霧のかかった暗闇の中で、ニホンジカが走りさる姿やヒメボタルが小さくちらほら光るようすは幻想的ですらある。

図34　冬のテント場（小さなテントだが、命の綱であった）

地権者の許可をいただいてテントは常置しておいた（図34）。食料や水も蓄えて残置した。この定着テントは、造林の作業員やハンターの方に「なにか事故があったら、テントを使わせてくれ」と言われるほど頼りにされていたし、事実そういうこともあった。雪の残る早春、あいかわらずの夜間登山で着いたテント場で、残置したシートにくるまっていた人を見つけたこともあった。道に迷いビバークしていた登山客であった。早々に、暖かいテントの内で少しの酒と食事でもてなした。小さなテントではあったが、命の綱ともいうべき小さなオアシスであった。

テントを直接定点に設置することも考えたが、カモシカの行動に影響を与える可能性があるので断念した。定着テントの横まで林道ができ重荷に苦しむことなく楽に入山できるようになった夢を見ることが何度もあった。ヤマビルの攻撃や重い荷物など、しんどい登りの末にたどり着くテント場ではあったが、動物たちのただなかにいる実感は調査にも影響したと思っている。

春にはタラの芽を食べ、梅雨時にはヒメボタルが光るのを愛《め》で、夏には下界の暑さを忘れ、秋にはテントのまわりに落ちた山栗を入れた栗ご飯を炊き、冬は雪をとかして水をつくる。除雪用シャベルにかけてあるニホンジカの落角はハンターの方からの贈り物だ。タヌキやアナグマだろうか、テントをつつきにくる動物もいて夜もにぎやかである。春夏秋冬どっぷりと自然につかるのは何にも変えがたい楽しみでもあった。里の方々から「山で一人は、怖くはないか、寂しくはないか」とよく聞かれたが、そんなことは感じなかった。自然の状況も日々刻々と変化し、定点にじっとしていても飽きることなく、苦痛にもならなかった。はたして、カモシカたちの眼には周囲の自然はどのように映っていたのだろうか。

調査に協力していただいた方々

日本では、地権者のない土地はないだろう。フィールドワークを行う土地も例外ではない。とにかく、地元の方々のお許しがなければ野外調査はなりたたない。

入林作業許可は管理者である当時の造林公社からいただいていた。毎年来るのは大変だろうと複数年一括の申請でよいとか、幕営の許可など、ずいぶん便宜《べんぎ》をはかっていただいた。作業員の方々は、遠く九州から来ておられる場合が多かった。それらの皆さんから林地で、さらに呼ばれた宿舎でお聞きした動物の話などは、大変参考になった。

入林許可とは別に、地元警察への登山届も必要となる。

入下山路も同様である。私は霊仙山北部にある米原市《まいばら》梓河内《あずさかわち》から車で入り、林道で奥へ向かうことが多かった。歴代区長さんはじめ住民の方々には、車の通行や駐車などで大変お世話になった。毎週のように集落内を通過する名古屋ナンバーの車、長時間の駐車など、区長様への入林の依頼は毎年文書でしたものの不審に思われてもおかしくない。そもそも、野外で調査する者は不審人物と見られると思って行動する必要がある。それにもかかわらず温かく見守っていただいた。通わなくなって何年もたつ今でも、声をかけてくださる住民の方がおられるのもありがたい。

たとえ一人で行う調査だとしても、多数の方々の協力が不可欠だ。この場を借りて、お礼申し上げたい。

定点調査法

調査方法は、定点から谷をへだてた対岸の調査地をひたすらじっと見るという「定点調査法」を用いた。定点と調査地間の距離は、およそ１００～７００ｍであった。さいわい、カモシカは３００ｍ以内でよく目撃できた。ただ見続ければよく、特別なコツがいらないのもよかった。

調査に必要なものも少ない。何といってもまず使うのは、自分の五感である。それを補助するために器材を使う。8倍で広視野の双眼鏡、25～60倍の高倍率をもつプロミナーと呼ばれる単眼鏡、カメラ、三脚、記録用紙、折りたたみ椅子、雨避《よ》け用のブルーシート、機材を残置するための一斗《いっと》缶、幕営用具、踏査ルート確保のためのナタや草刈鎌などである（図35）。

双眼鏡や単眼鏡は同じ物をすでに30年は使っている。どうやら一生もちそうである。調査地に出

図35　長年助けてくれた調査用具

図36　霊仙山での調査風景（簡易ベッドの上で）

てきた動物はもちろんのこと、調査地の全景も毎回カメラで撮影した。最近のデジタルカメラは現像の手間や費用を節約でき、画像の整理や撮影データの記録にもすぐれ重宝している。当時デジタルカメラがあったら、ずいぶん仕事が楽だったろうと思う。

紛失すると観察データを一気に失うので、多量の情報をため込む野帳いわゆるフィールドノートは使っていない。調査１回１枚、地図なども印刷された記録用紙を自作して用いている。便利な物に、椅子として使用している折りたたみ式の簡易ベッドがある（図36）。これに座っていれば、地面から這い上がるヤマビルの攻撃を防ぐこともできるし、寝袋を併用すれば厳冬期でも観察が可能となる。

学生時代、日本が世界に誇るサル学の黎明《れいめい》期を知る先生から動物生態の集中講義を受けたことがある。受講生も多い人気のある講義であった。先生のお話では、戦後すぐのこともあり、野帳と昼飯用の蒸かしたサツマイモだけ持ってサルを追ったそうだ。

手法が単純なら自ら自然の中に入り、五感を頼りに対象となる動物と直接対峙《たいじ》することになる。他方、器材に頼る調査ほど現実の自然と離れていく傾向が生じてくる。このギャップを意識するか否かは、調査のまとめかたにも影響してくるだろう。

踏査調査

定点調査といえども、カモシカを見つけられないことも多い。この場合、カモシカがほんとうにいないのか、木陰にいて見つけられないのかが問題となる。調査地内にカモシカがいないことを証明することは大変むつかしい。だが、困難だからといって問題を無視することはできない。そこで、時間を見つけて調査地内に直接踏み込みカモシカを見つける踏査調査を行った。調査地はさほど広くはない。そのなかを歩けば目撃はできないかもしれないが、追いだすことは可能である。逃げるときの足音や、「ビィ、ビィ」や「フィ、フィ」と聞こえる警戒声で確認ができる。しかし、実際にはそのようなことはほとんどなかった。長時間見つづければ、まず見落としはないといえる。

踏査調査はほかにもいろいろなことを教えてくれる。造林木の成長の度合いや、足跡や休息したあと、体毛、食痕、臭いなど動物たちの生活の痕跡いわゆるフィールドサインの数々である。ニホンジカの自然に落下した角や動物の骨を見つけるのも踏査調査中であることが多い。

さまざまな場所を歩くことで、いわば土地鑑もできてくる。調査地内だけでなく、頂上周辺にも足をのばすこともあった。下草が少なく、フクジュソウやニリンソウなどの花々が咲き乱れる早春や、紅葉の最盛期を過ぎた晩秋などは、踏査のベストシーズンといえる。道やルートなどはない。

方向だけ決めて闇雲に籔漕《やぶこ》ぎ（ササや低木が密生する藪をかき分けて進むこと）すれば、思わぬものを目撃することができる。たとえば、巣穴前でくつろぐアナグマを発見したことがあった。気づかれないように木に登り見ていたら、腹を上に仰向けに四肢をだらりと伸ばして眠り始めた。その姿はのんびりしたもので警戒心はまるでない。気の強いアナグマの意外な一面を見た思いがした。

今から30年も前ではあるが、偶然追い出したカモシカを追ってある谷を下っていったとき、私と同じようにプロミナー（単眼鏡）や双眼鏡を使って対斜面を見つめるグループに出会った。カモシカが走りぬけなかったかとお聞きしたが、カモシカは知らないとの返事であった。不思議に思ったが、彼らの観察対象はイヌワシであった。ちなみに答えた方は、本シリーズの『空と森の王者イヌワシとクマタカ』の著者、山崎亨《とおる》さんであった。当時はまさか同じシリーズで本を書くことになろうとは想像もできなかった。その後、イヌワシのメニューにカモシカの子が載ったなど、さまざまな情報をいただいたりしている。単独行動の私にとって、山崎さんを中心とするイヌワシ研究会のグループでのフィールドワークはうらやましいものであった。一方で、同じ霊仙山中で自分一人だけが動物を見ているのではないという孤独感を払拭《ふっしょく》することもできた。動物にも人にも会える楽しさ、何を発見できるかわからないわくわく感が踏査調査にはある。

珍客の来訪

登山道から離れた、誰も訪れるはずのない大岩の上に定点はあった。それでも、まれに珍客が迷い込んだ。頭上に張った雨よけ用のシートの上を、けたたましい音を立てて走り去るのはニホンリスであった（図37）。遠くで動くオレンジ色はキツネであった。樹上からこちらをのぞくのは、ニホンザルであった。地面に落ちたクルミの実をガリガリと音をたてて食べているのは、イノシシの一家であった。ある時、定点の下を真っ黒い大きな動物が歩いていった。あとでツキノワグマだとわかった。ほかにもテン、アナグマやジネズミなど、さまざまな動物が定点を訪れた。

　ツキノワグマについては、補足しておく必要があるだろう。当時、クマは鈴鹿山地に生息しないといわれていた。定点の下で目撃した数日のち、調査地内の尾根をはや足で下る同じように真っ黒な動物を目撃した。周囲の臭いを嗅ぐように鼻面を上にあげたとき、胸に三日月形の白い斑紋があることを確認することができた。明らかにクマである。日没間際わずか数分のできごとだった。偶然にも、1984年（昭和59）7月7日、七夕のできごとであった。以来毎年七夕近くになると織姫を待つようにクマを待ち続けたが、ふたたび目撃することはできなかった。

　以前、栃木県上都賀《かみつが》郡足尾町（現、日光市）でクマがカモシカを追っているのを見たことがある。クマは、カモシカやニホンジカの捕食者、天敵となる可能性がある。鈴鹿山地に生息するクマの数

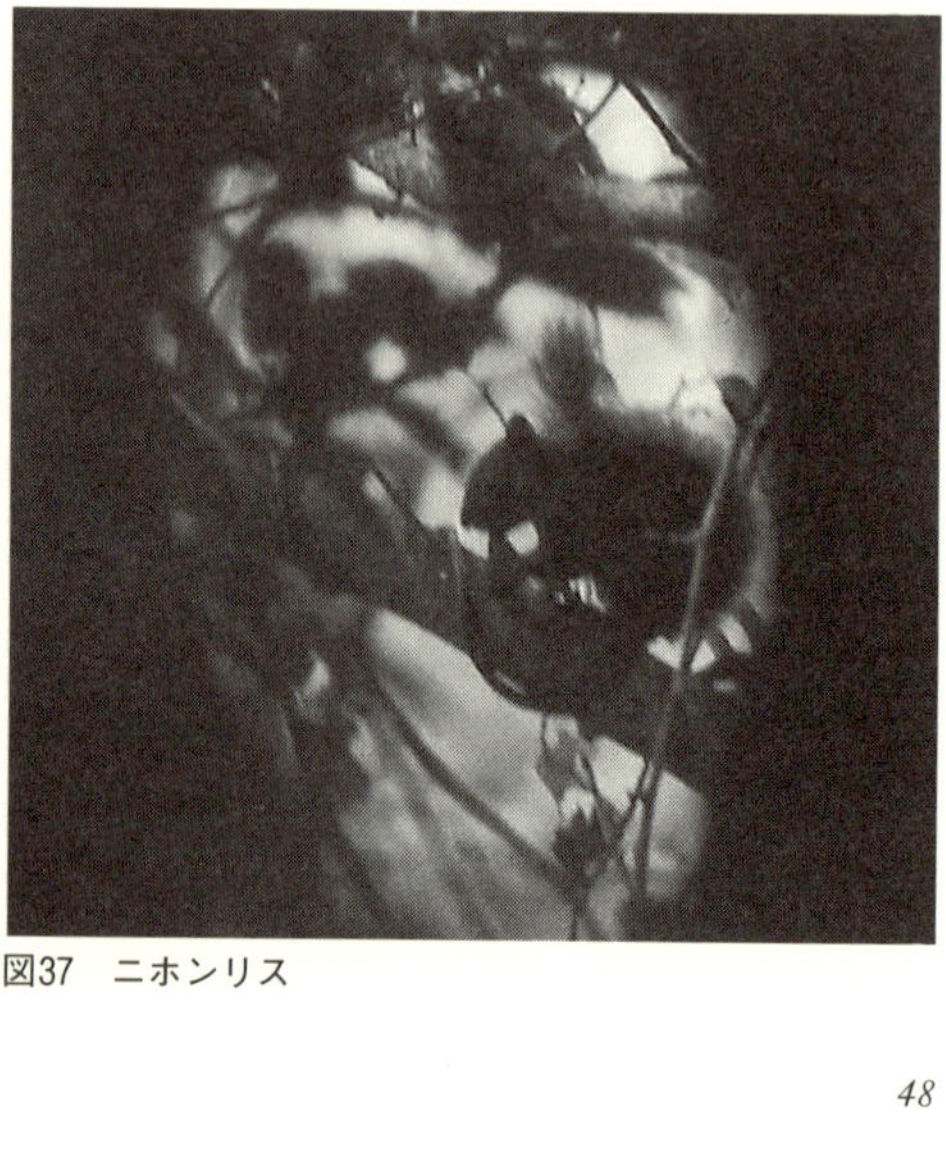

図37　ニホンリス

はきわめて少ないであろうが、カモシカにも何らかの影響を与えるものと思われる。

突然、定点に人が訪れることもあった。登山ルートから離れた定点に人が来ることは、普通の山登りであればありえない。道に迷った方たちである。若者から年配者まで、単独登山者からワンダーフォーゲル部の団体まで、実にさまざまであった。こういう場合は調査をいったん中断して、近くの登山道までお連れすることになる。明日はわが身と思い、できるかぎり対応した。

これら登山客の活動もカモシカの行動に影響を与える。調査地の最下部近くには、登山道が通っていた。カモシカたちはここでよく休息していたが、登山客が通り始める時間になると人を避けるように上方へ移動を始めるのだった。チェーンソーや刈払い機の音が谷じゅうに鳴り響くこともあった。そんなときは、まず姿を見せない。

もちろん、観察者たる私自身も例外ではない。毎週のように対斜面に現われる男を、すぐれた感覚の持ち主が認識していないわけはない。しかし、その前で身をかくすこともなく生活してくれた。一方的ではあるが長年のつきあいなので、いわゆる「人なれ」いや「私なれ」してくれたのかもしれない。

人も含めさまざまな動物のなかで、カモシカたちは生息していた。これらの動物との相互作用にどのようなものがあるのか不明な点が多いが、多少なりともなんらかの影響を受けていることは間違いないだろう。

雲仙山の気象

雲仙山の気象で特記すべきことは、冬の厳しさだ。標高は1000mほどであるが、北陸側からの季節風が山腹にあたり、猛烈な寒気と多量の積雪をもたらす。日本海式の気候が入り込んでいる地域といわれている（武田 2006）。この風は関ヶ原の山間を通り抜け、濃尾平野に吹き抜ける。いわゆる「伊吹おろし」であるが、この風は「霊仙おろし」でもある。

標高800m付近にある定着テントの横に、大きなクリの木があった。日陰側に最高最低温度計をぶら下げ、簡便ではあるが気温を測定した。もっとも、大雪の後は雪中温度計になっていたこともあり、厳密な測定とはいえない。現在は手のひらに乗る大きさで一年間毎時の気温が測定できる測定機器があるが、当時は大きく高価で買う気にはならなかった。

入山のたびに最高・最低気温を記録し、推定ではあるがその中央値を平均気温とした（図38）。平均気温の

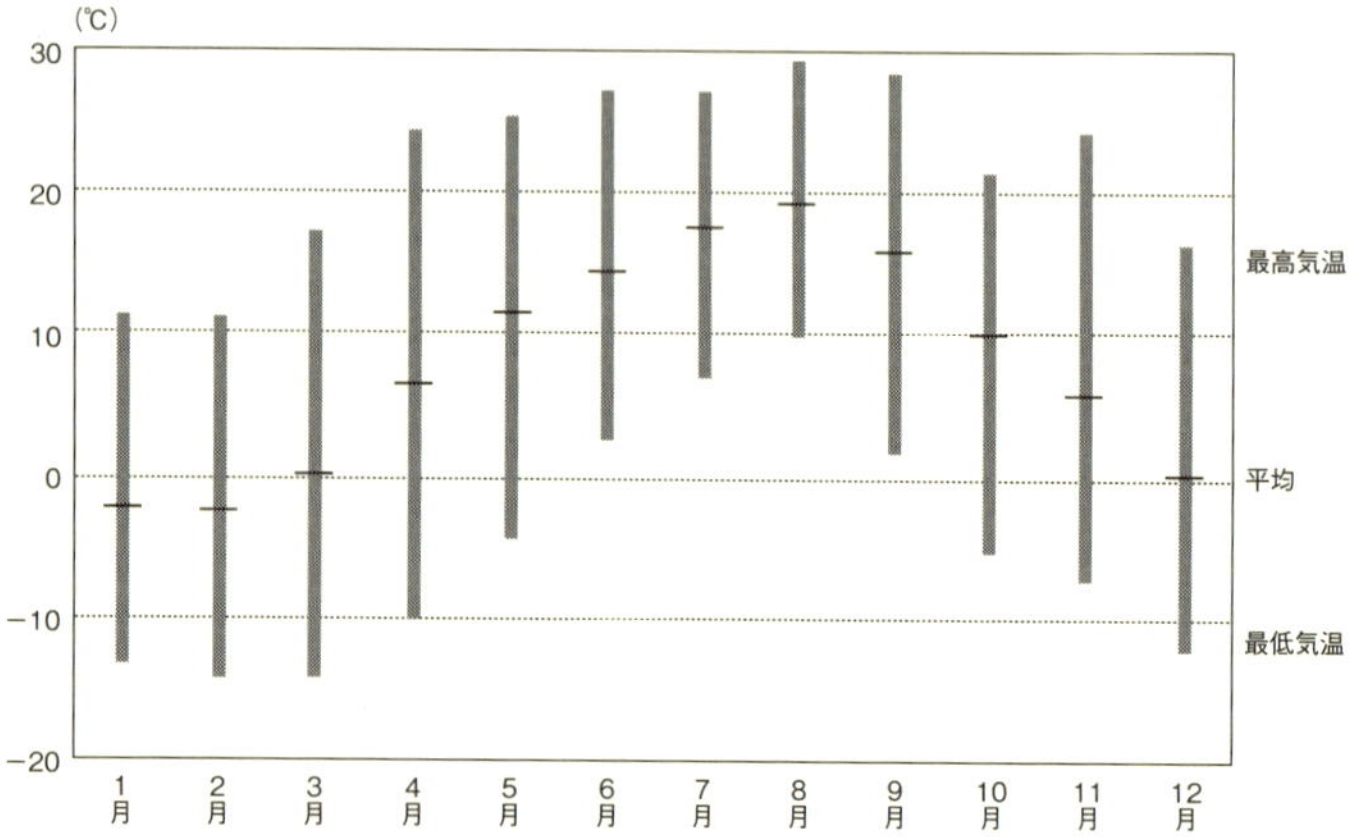

図38　調査地付近の気温変化（推定値）

推定値は7・9℃となった。植物の群系に対応する暖かさの指数は59・7で札幌より低く、潜在的には夏緑樹林帯を形成する値である。

例年の最低気温は、マイナス10℃以下となった。すべてのものが凍りつく低温である。朝の定着テントも、内部は霜《しも》でまっ白になる。特に、12月下旬から3月上旬は低温が続き、この期間は厳冬期とみなされた。一方で、最高気温は30℃を超えることはなかった。

降雪も多い。ふつう初雪は11月に降り、12月末から遅くとも翌年1月中旬には本格的な積雪となる。多い年は3月末まで、少ない年でも2月いっぱいは積雪が見られる。4月に入れば雪はなくなるが、山頂部では5月のゴールデンウィークまで残っている年もある。気温と同じように定着テント付近で積雪深を記録した。積雪深は年変動が大きいが、１９８４年（昭和59）2月12日に最多積雪深１７０cmを記録した（図39）。調査地周辺では、例年１m前後の積雪を見る。こんな時期はテント場に残置した器材を掘り出すのも大変だ（図40）。

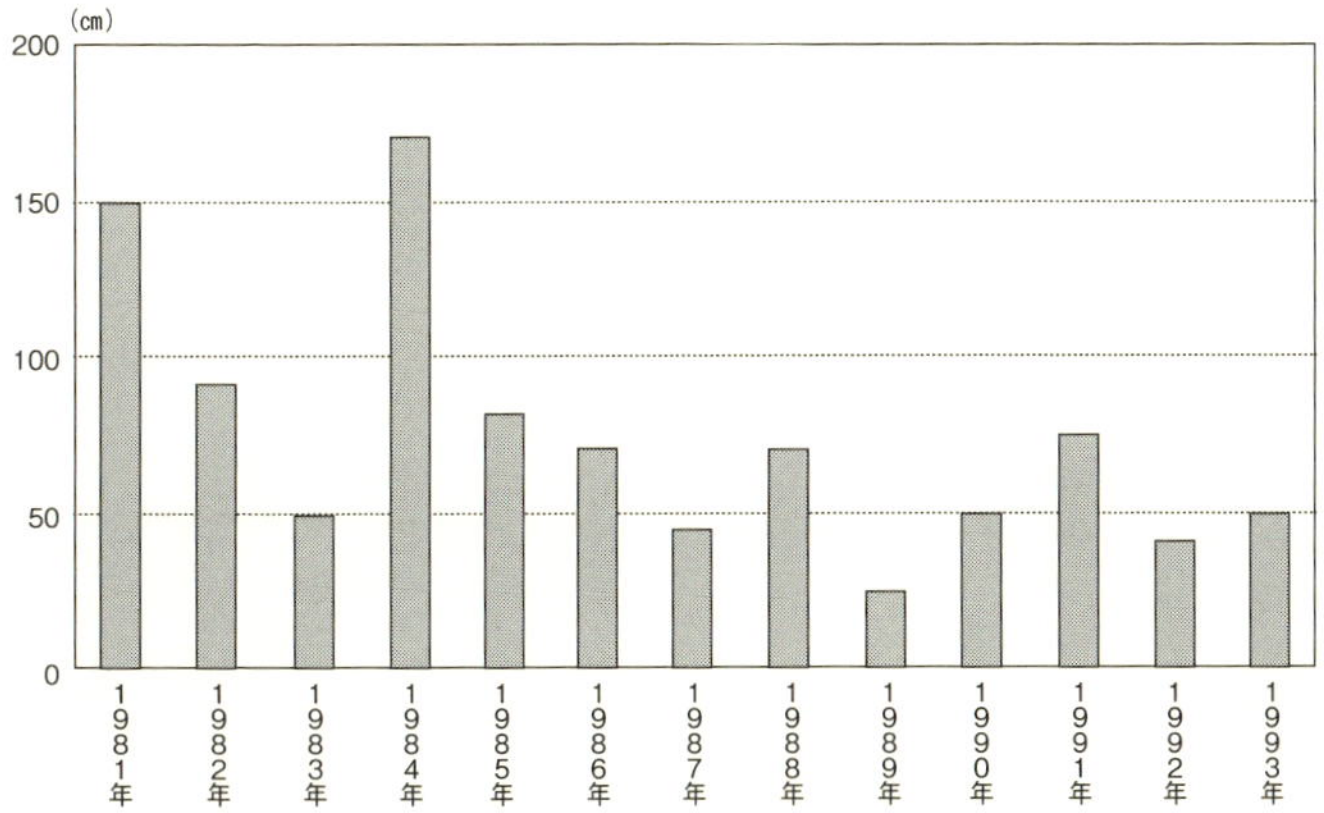

図39　調査地付近の最多積雪深

気温同様に積雪から見ても、12月下旬から3月上旬は厳冬期とみなされた。

この時期の山の斜面には、雪の中を移動し採食したカモシカの跡が溝のように続いている（図41）。急斜面をしかも腹に接するほどの雪の中を移動するのは、大変な重労働だと思われる。しかも、食物も少ない。厳冬期は、カモシカにとって厳しい季節であることは間違いない。

カモシカの死

無事に厳冬期を越しても油断はできない。体力が低下している早春に、再び低温と降雪がもたらされることがある。実は、この早春の雪がもっとも危険だ。一年間で栄養状態がもっとも悪い時期に降る湿雪は「動物殺しの雪」だ。カモシカにせよ、ニホンジカにせよ、春先の雪の後に何度死体を発見したことだろうか（図42）。

死後わずかしか経っていない死体もあれば、頭骨など骨ばかりになっている死体もある（図43）。骨だけの死体になるのに、夏なら2週間もかからない。ハエやシデム

図41　カモシカのトレール（移動の跡が雪上につづく）

図40　雪に埋もれた幕営用具（掘り出すのもひと苦労）

シなどの昆虫、キツネやタヌキなど哺乳類があっという間に骨だけにしてくれる。冬でも１～２ヶ月すれば骨だけになる。不思議なことに定点直下の谷あいで毎年のようにカモシカの頭骨を見つけていた。おそらく、周辺で死んだ個体の頭骨が流れて同じような場所にたまったのか、キツネなど他の動物が運んだのだろう。

近年は、パラポックスウイルス感染症というウイルス性の疾患をもつ死体を見ることもある（図44）。直接の死因となるかどうかは不明だが、口や鼻の周りなどが化膿し採食できなくなり死にいたる可能性は十分ある。カモシカの死亡届である滋賀県の滅失届によれば、その発生は全県に及ん

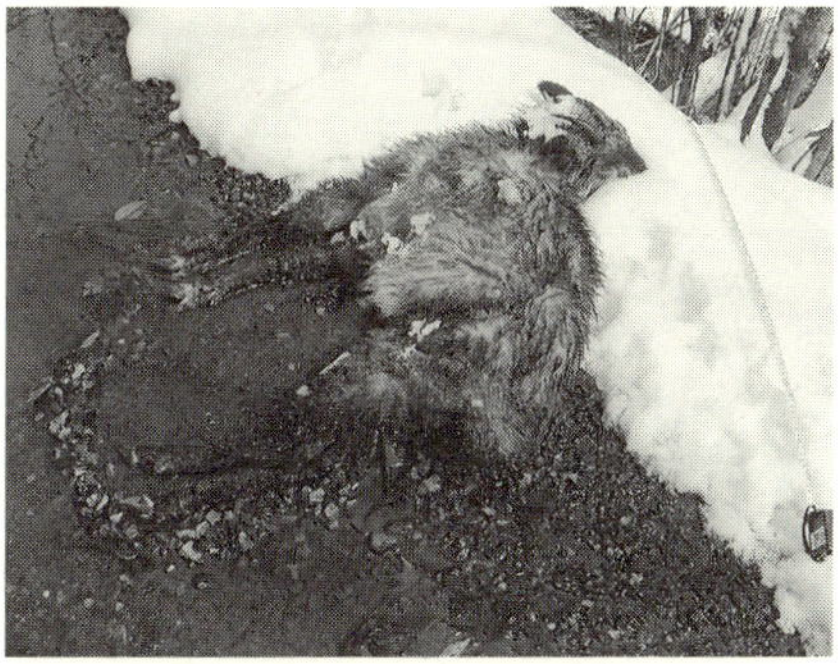

図42　死んでまもないカモシカの死体

図43　カモシカの白骨（骨だけになるのにそれほど日数はかからない）

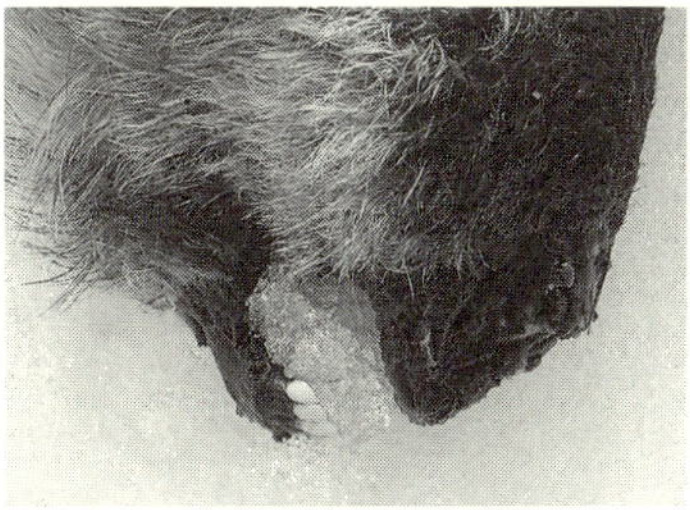

図44　パラポックスウイルス感染症（これでは何も食べれないだろう）

でいる。ちなみに、パラポックスウイルス感染症は人畜共通感染症なので、私たちも注意する必要がある。この例にかぎらず、どのような野生動物でも、目に見えぬ病原体を持っている可能性がある。死体はもちろん、生体でもできるだけ素手で触ることは避けるのが賢明だろう。

衰弱にせよ、疾患にせよ、その最後はむなしい。山中ではむやみに合掌するなという言い伝えがある。山の中には八百万《やおよろず》の神がおられるので、あたりかまわず合掌するとそれらの神々を呼ぶことになり、よろしくはないという言い伝えだ。しかし、死体のあった場所では思わず手を合わさざるをえない。やがて調査日数が増えるごとに、合掌する場所は少しずつ増えていった。

瀕死のカモシカに遭遇することもある。ほとんどが、外傷や衰弱である。傷口にウジがたくさんいたら、とりあえずそれを掻き出してみる。しかし、その奥から次々にウジが現われるようであれば、手におえない。さいわい、滋賀県では野生動物ドクターという体制が整っており、救護をお願いできる獣医師が何人もおられる。これらボランティアの先生方を頼って診ていただくしかない。

衰弱も程度によるが人間が近づいても逃げず触られるままであれば、重篤《じゅうとく》な容態と診たほうがよい。本来、人間が野生動物に触れることはまずない。触れる、それは動物に意識がなく逃げる体力もない瀕死の状態であることを意味する。補液など点滴の手段を持たない私では、ザックに入っているお茶を動物の口に含ませて放置するしかない。自動車で運んでも、移動中に死亡するだろう。せめてもの慰めは、ふるさとで死ねることだけだ。

私自身、雪の中で意識を失い倒れていたことがあった。落石、雪崩や墜落など危険な場面には事欠かない。とにかく山の中では何が起きても不思議ではないと、肝に銘じて行動するしかない。野外調査をする者であれば、目の前にいる瀕死の動物と立場が逆転することは十分に起こりうる。そんな時はいつも、昔話の一節「次は、おまえの番だぞ」という言葉が浮かんでくる。エコロジー（生態学）の考え方に合った、脳裏から離れない昔話なので紹介したい。

それは、四国地方の猟師の話として千葉徳爾《とくじ》著『狩猟伝承』（１９７５　法政大学出版局）に記録されたものである。一部要約して引用したい。

昔ある猟師が獣を待ち伏せしていると、目の前にミミズが現れた。そこに現れた我が物顔のヒキガエルがそのミミズを食べた。次に現れたヘビがそのヒキガエルを飲み込んだ。そのヘビも次に現れたイノシシにかみ殺され食べられた。そして今、猟師はそのイノシシを撃とうとしている。ねらいをつけた猟師の頭にひらめいたのは、自分自身もさらに強いものに殺されるのではとの考えであった。撃つのをためらった猟師の耳に天上から「猟師、よい思案をしたな。次は貴様の番だぞ」という大きな声が聞こえてきた。…

輪廻転生や食物連鎖も思い起こさせる、鋭い視点の昔話であると思う。海外でも、たとえばグリム兄弟が収集したドイツ伝説に似たような猟師の話（伝説番号ＤＳ３０２）が見られるのは興味深い（野村ひろし　１９８９）。

2. 目撃されたカモシカたち

個体識別

定点からカモシカを見ていると、何度も同じ個体が現われていることに気がついた。そこで、個体の特徴をつかんで個々のカモシカを区別した。これを個体識別するという。

かつて大学の講義で「相貌《そうぼう》認知」という難しい用語を教えてもらった。人間はよく知る仲間が誰かを知るときに、黒子《ほくろ》がここにあって顔の輪郭がこうでなどと、一つひとつの特徴を確認してから相手が誰か認知するわけではない。相手を見た瞬間に、「あっ、誰々さん」と名前が出てくるのが普通だ。このように無意識のうちに相手を認知する方法を相貌認知という。動物の個体識別もこの手法ができないといけないと聞いた。目印となる色ベルトやペンキ、耳タグなどを物理的に装着し識別する方法もある。しかし、それは捕獲や麻酔をするなど技術的にも動物福祉の上からも難しい作業が必要になる。はじめは、個体の特徴を頭に入れるため顔面などを描くことに専念した。やがて少しずつ相貌認知できる個体が増えていった。ニホンジカなどに比べ、カモシカは個体差があり、識別しやすかったのも幸いであった。

識別のポイントは、角の形状、顔面の色や紋様などである。これらの特徴は、年齢を経るごとに少しずつ変化していった。たとえば、顔面の色が少しずつ濃くなったり、突然、角の先端が一部欠けたりすることもあった。冬毛と夏毛の違いにも注意する必要があった。

はじめに識別できたのは、子連れで額に濃い茶色の毛をもった雌であった。「チャコ」と名づけた。次に、チャコとよく連れだって出てくる黒っぽい成獣個体に気づいた。のちに、つがい相手とわかり「ダンナ」とした。さらにチャコの子供たちと、芋づる式に個体識別していった（図45）。調査期間中に識別できた個体はのべ16頭になった。

野生動物に名前をつけて呼ぶことは、動物の擬人化、私物化につながると問題視される場合がある。しかし、あくまで記号であれば普通の言葉を使ったほうが覚えやすい。「CH79」よりも「チャコ」と呼んだほうがなじみやすい。さすがに、知人やそのお子さんの名前を拝借するのは、名づけたカモシカが失踪するなど問題が出てすぐにやめたが。こうして、個体識別することで霊仙山での調査は進んでいった。

今日では、個体識別し追跡することが動物調査をする原則となっている。対象となる個体の血縁関係などが明らかであれば、その行動の意味が理解できること

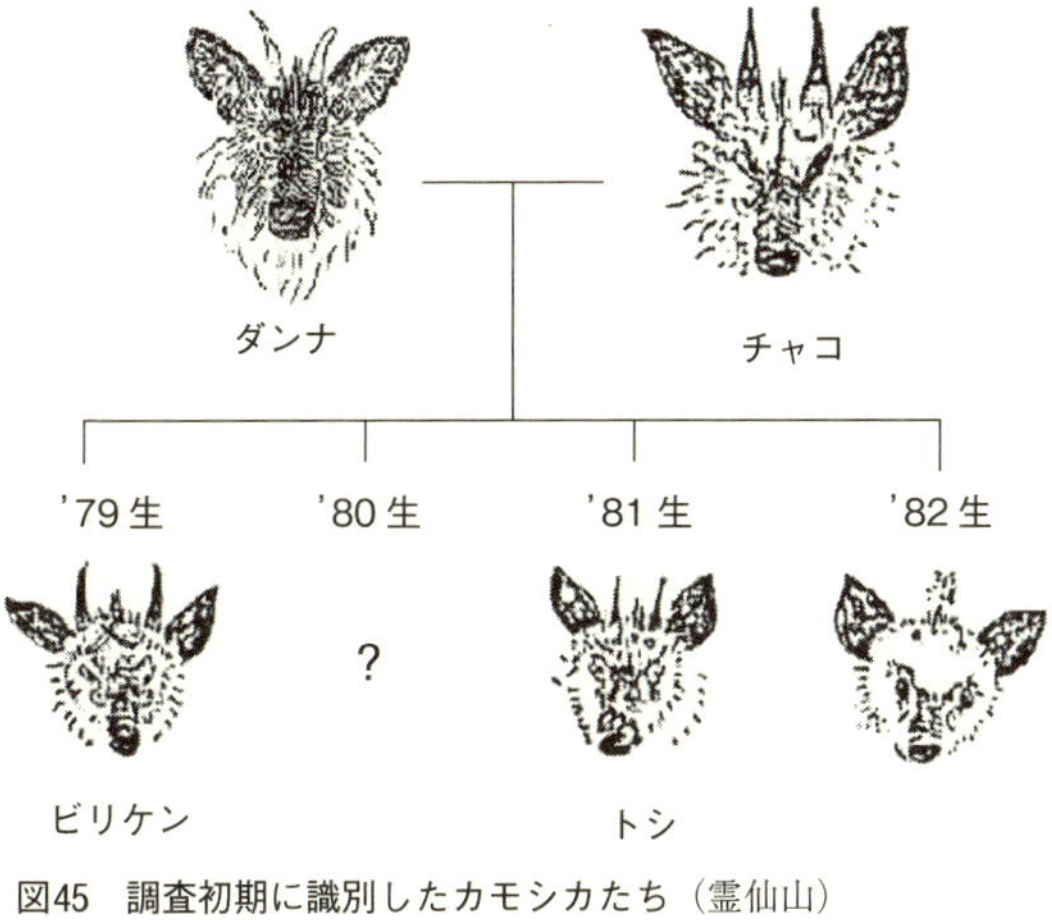

図45　調査初期に識別したカモシカたち（霊仙山）

が多い。動物を集団として取り扱い、平均的にさまざまなデータを得る作業ももちろん重要で必要ではある。その上で個体ごとに集団内での順位や性格にまで注目し動物社会の核心に迫ろうとする試みが増えてきている。もともとニホンザルの野外調査で行われ世界的に注目されたこの流れは、ニホンジカやカモシカなど偶蹄類でも、今や常識となっている。

カモシカの出席簿

調査中にカモシカが現われたら、まず個体識別し出現時間、場所などを記録した。こうして識別できた16頭の出席簿ともいえる出現状況をまとめた（図46）。

最も長く目撃できたのが、チャコ（雌）とダンナ（雄）のつがいであった。ほかには、チャコの子供がのべ9頭、子供以外と思われる成獣個体が5頭いた。チャコとダンナは、1991年末まで12年間は生息しており、目撃した当初からすでに成獣であった。カモシカが成獣になるのに2年半はかかるから、2頭は少なくとも14年以上は生きていた可能性が高い。飼育下では20歳以上の老齢個体が知られているが、この2頭も大変な長寿であったといえる。外見からカモシカの雌雄を見分けることは難しい。チャコは当歳子《とうさいし》（その年に生まれた子。0歳の子）を連れていたので雌と、ダンナは雄と予想した。これは、のちに観察できた配偶行動からも正しいことがわかった。チャコにつきまとうようにその行動圏に頻繁に現われた若い個体を第1子とし、同時期に目撃した当歳子を第2子とした。このように毎回コツコツと出席簿をつけていると、さまざまなことがわかってきた。

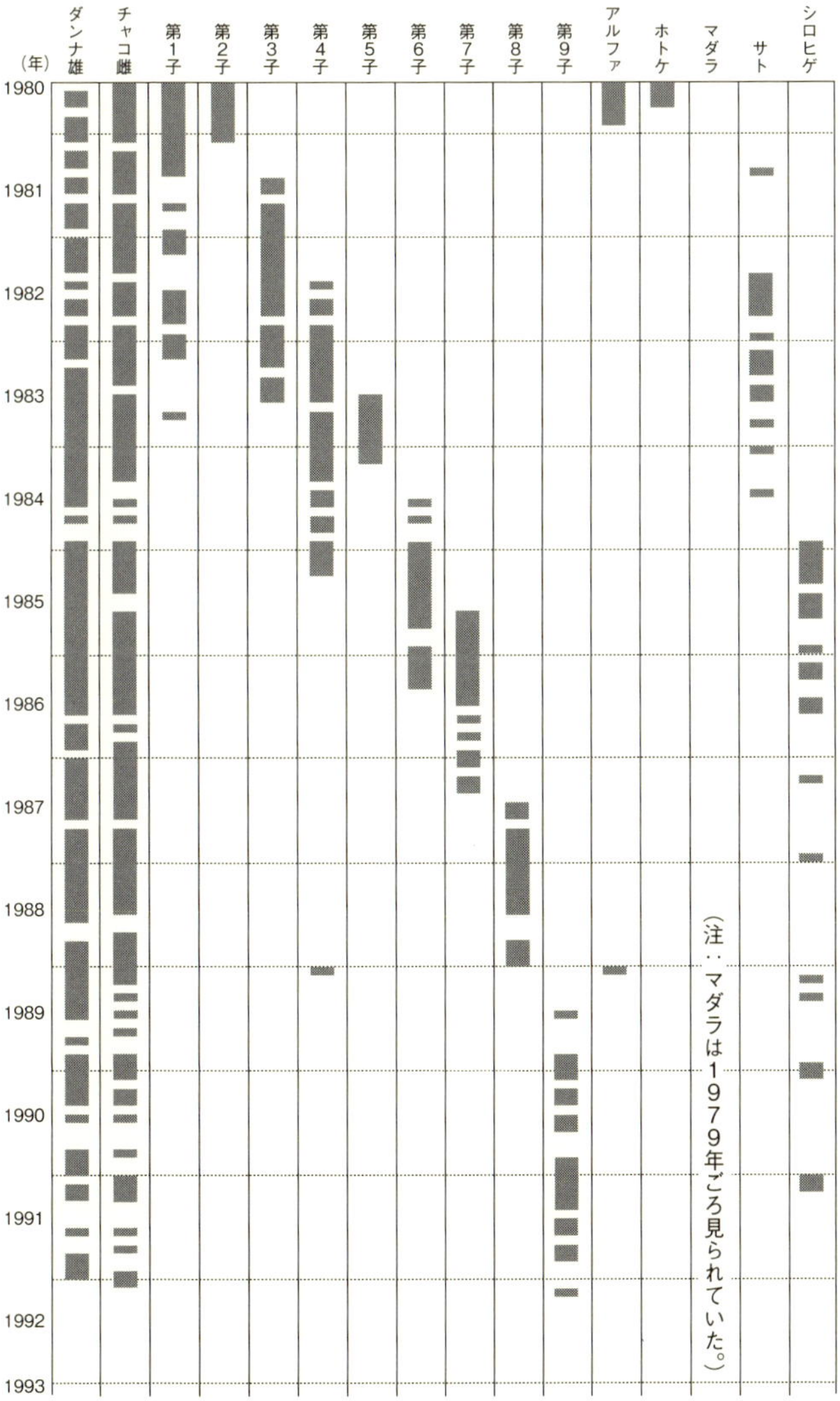

図46　カモシカの出現状況

カモシカの群れ

直接観察をしていても、群れを確認するのは難しい。2頭が近くで採食していても、突然、一方が攻撃し追いかけることがある。これでは、2頭連れとはいえない。調査では、およそ5m以内で目撃され、観察時間内に攻撃するなど相手を排除する行動が見られない場合を一つの群れとした。また、単独で行動している個体も1頭で1群とみなした。

識別された群れのうち、ほとんどが単独であり、2頭群、3頭群、4頭群などがそれに続いた（図47）。圧倒的に単独で目撃された個体が多かった。

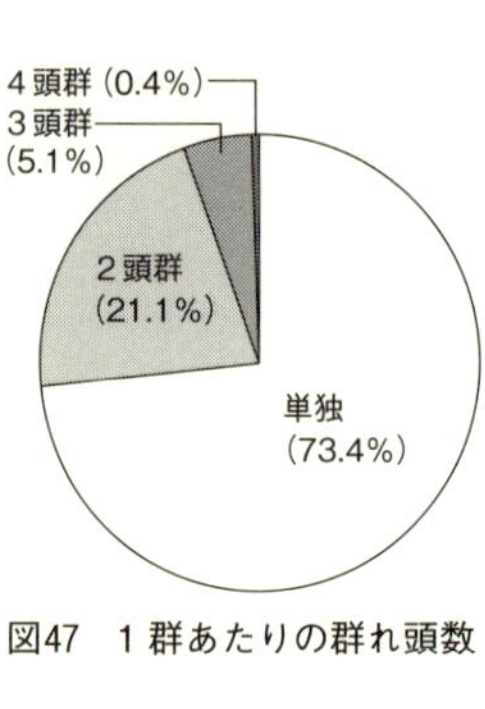

図47　1群あたりの群れ頭数

2頭群の構成は、さまざまであった。そのほとんどは、チャコとその子つまり母子連れであった。生後半年間ほどは、当歳子は母親の付属物のように寄り添って行動する。母は歩くペースが遅い子を振りかえり、立ち止まって待っていることがよくある。その様子は一心同体で、2頭群というより実質は単独と思いたくなる。ほかに母と前年の子、おそらく父と前年の子、前年の子と当歳子などの群れもわずかに目撃された。

3頭群は、チャコとダンナさらに当歳子のいわば家族群であった。これは、チャコと当歳子の母子群にダンナが合流して形成された（図48）。

大雪の厳冬期に限り、ごくまれに4頭群が見られた。それは家族である3頭群に前年の子（前年子）が加わったものであった。前年子の立場は微妙で、ふつう母親から攻撃されることが多い。いわゆる「子別れ」である。それにもかかわらず前年子を受け入れるのは、寒さのせいかもしれない。雪の中で寄り添い互いに暖を取るのは、攻撃してエネルギーを浪費するよりも数段賢い選択といえる。こんな時は観察もしんどい。凍った手袋の中で、感覚がなくなった手をなんとか暖めて記録をとる。寒さに強いといわれるカモシカでも、さすがに4頭群ができるのは厳しい季節に限った出来事といえる。

図48　チャコの家族（左から子、チャコ、ダンナ）

結局、群れのほとんど98％は血縁関係の個体で構成されていたことになる。

カモシカはあまり大きな群れをつくらず、単独で目撃されることが多い。だからといって、決して1頭で生きているわけではない。同じような範囲で行動するカモシカたちは、たとえ単独で行動していても血縁やつがいなど何らかの関係をもっていると考えたほうがよい。行動の範囲がおよそ1㎢と狭いなかで、それぞれの個体が独自のペースで行動し、出会えば一緒に行動する。単独で単調な生活をしているように見えるカモシカも、他個体と関わり合いながら日々変化に富んだ生活をしている。常に群れて行動するわけではないが、範囲をひろげよく観察すればさまざまな絆《きずな》が見えてくる。

3. つがいの絆

つがい

チャコとダンナの2頭は、ほぼ1年を通して調査地内で発見された。調査日のすべてで見られたわけではないが、調査4回のうちおよそ1回、25%程度の確率で目撃された。

チャコとダンナの2頭が同じ日に見られた場合でも、実際には2頭が寄り添うように目撃されたわけではない。1ヶ月以上、長期にわたって目撃できないこともあった。たとえば、8月はほかの月にくらべ目立って確認できなかった。暑い日中を避けて、夜間の行動が増えたのだろうか。下草が繁茂しカモシカが見づらくなっただけでは説明できない何かが、8月にはあるのだろうか。

6月にはダンナは見られているのにチャコだけが見られなかったことが、ときどきあった。調査日のうち目撃された日数（回数）がどれほどあるかの目撃率を見ても、この傾向が見て取れる（図49）。もともとチャコの目撃率はダンナの目

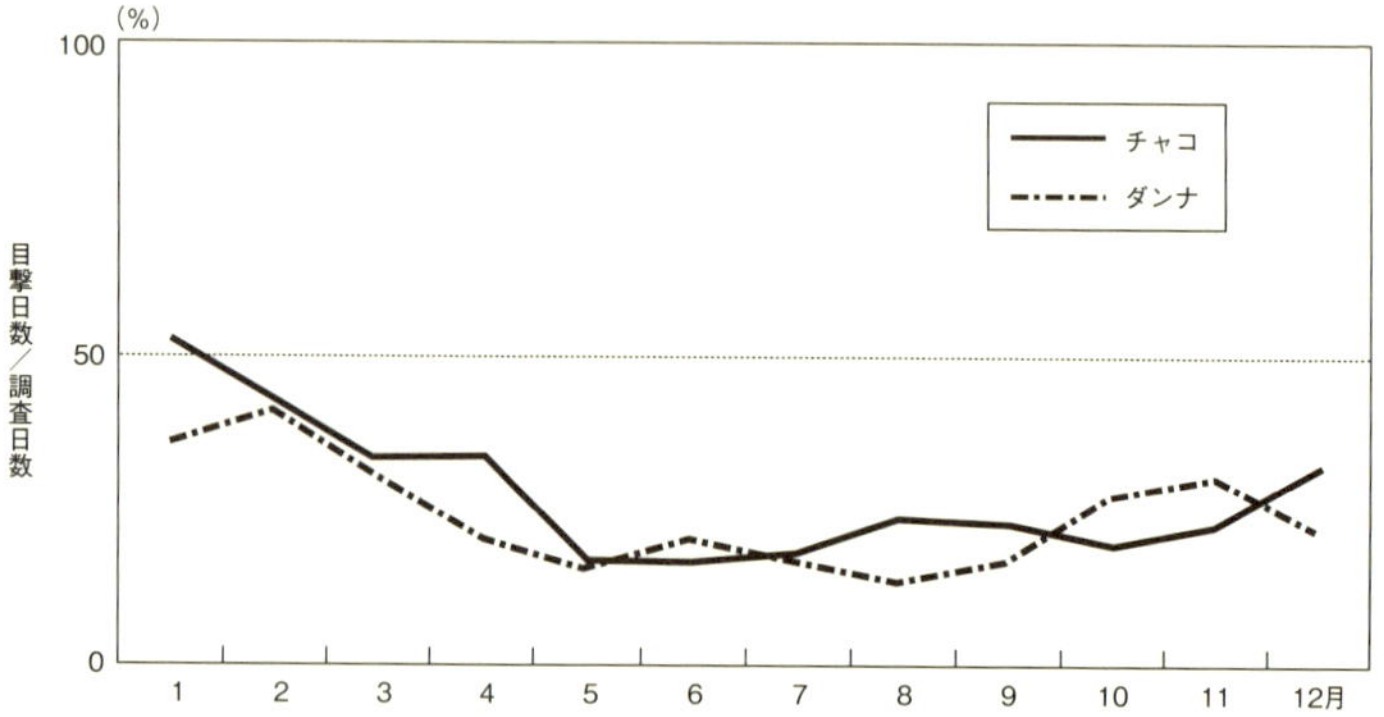

図49　チャコ（雌）とダンナ（雄）の目撃率

撃率より多いにもかかわらず、6月はダンナの目撃率がチャコを上回っている。まず考えられるのは、この時期は出産の時期であることだ。見えない場所で出産していたのだろうか。母親は誕生後の新生児の行動にも制限され、行動範囲が狭まったこともあるだろう。目撃率だけからでも、6月はチャコにとって特別な月といえるかもしれない。

10、11月も、チャコよりダンナがより多く目撃されている。この時期は、雌より雄のほうが活動的であるようだ。これは発情期であるためチャコを探して、あるいは進入した他個体を探してパトロールするなど、ダンナがチャコより活発に行動していた結果と思われた。

図50　マウント（チャコとダンナ）

繁殖行動

チャコとダンナのもっとも特徴のある行動に繁殖行動がある。雄から雌に働きかけるものには、雌の生殖器周辺を嗅いだのち頭部を上に向け唇や舌を突き上げる「フレーメン」、雄が前脚で雌を蹴る「ワイフキッキング」、雌の上に後ろから馬乗りになる交尾姿勢「マウント」などがある（図50）。これらは普通、ワイフキッキングやフレーメンからマウントへと、一連の繁殖行動として行われる場合が多い。雌雄どちらからも働きかけるものには、お互いの耳などをなめたり、眼下腺からの分泌物を擦り込んだりする行動がある。いずれも、親密さがないと行われない行動で仲睦《なかむつ》まじくすら見える。

繁殖行動は毎年観察されたが、特に10月に多く見られた（図51）。詳細に検討すると、9月下旬から11月上旬に集中していた。翌年の初夏に子が誕生することからも、この期間が霊仙山での発情期と見なされる。

しかし、繁殖行動は発情期にとどまらない。実は8月をのぞくすべての月で目撃された。5、6月や7月にワイフキッキングやマウントを見ることになろうとは思ってもみなかった。ダンナの行動をチャコもほとんど受け入れていた。互いの耳先に眼下腺からの分泌物を擦りつけたり、1本の枝葉を両端から食べあったりする様子を見ると、さすがにほほえましく感じられた。調査地以外で他の成獣とも親和的な関係を持っていたかもしれないが、このつがい関係は長年にわたり続いた。

発情期の秋だけ集中的に雌とつがいになり、

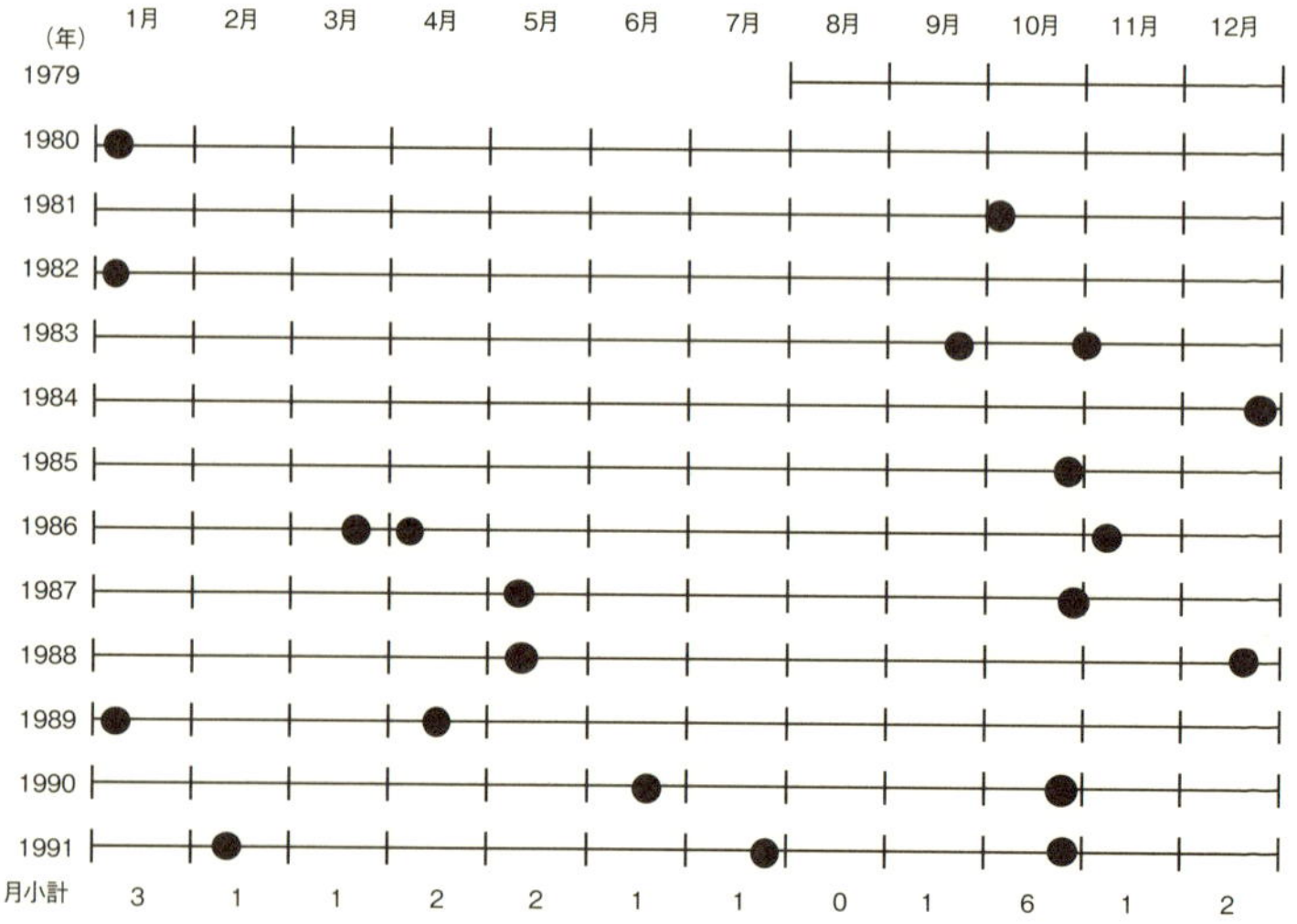

図51　チャコとダンナの繁殖行動

なわばりを主張するニホンジカとは違い、カモシカでは1年中ほぼ一定の範囲を行動している。その要因の一つには、年間続くつがいという、ゆるい絆《きずな》があるのかもしれない。結局、カモシカの社会はつがいを基盤に成り立っている可能性がある。

4. 子の誕生と成長

誕生

カモシカの子はいつ誕生し、どのように成長するのだろうか。チャコの子として確認できた9頭の例から考えてみたい（図52）。

残念ながら出産の現場を確認したことはないので、観察結果から推定するしかない。チャコが子を連れていなかった最終確認日と子の初認日のあいだに誕生しているはずだ。また、子の顔面や毛色、行動を見るとおよその誕生時期がわかる場合もある。生まれたての子は、こげ茶色で真っ黒に近い毛色をしている。まわりのものに興味津々で母親のまわりなどを楽しそうに跳ね回り、生まれてきた喜びに満ち溢れているように見える。成獣であれば「森の賢者」のようにみえるカモシカも、子供のうちはさすがに幼い（図53）。

もっとも早い出産例は、5月31日から6月6日の間である。この時の子も真っ黒で小さく、チャコもひどくやせて見えた。遅い初認は8月に入った例があるが、子の顔にはすでに白い毛が混じっており、誕生から少し時間が過ぎているものと見えた。おそらく、調査地では6月から7月にかけ

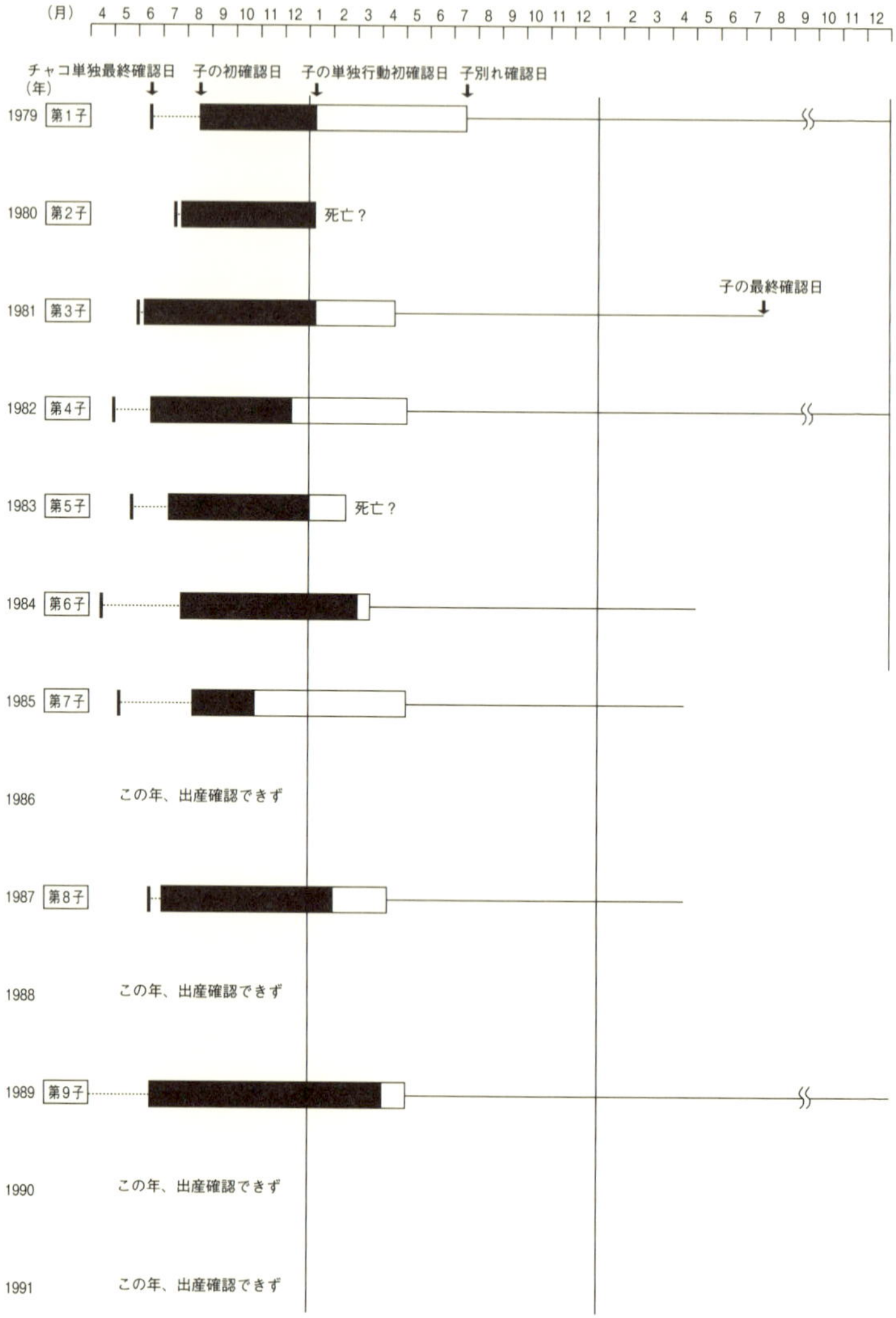
(月)
4 5 6 7 8 9 10 11 12 1 2 3 4 5 6 7 8 9 10 11 12 1 2 3 4 5 6 7 8 9 10 11 12
チャコ単独最終確認日
子の初確認日
子の単独行動初確認日
子別れ確認日
(年)
1979 第1子
1980 第2子
死亡？
1981 第3子
子の最終確認日
1982 第4子
1983 第5子
死亡？
1984 第6子
1985 第7子
1986 この年、出産確認できず
1987 第8子
1988 この年、出産確認できず
1989 第9子
1990 この年、出産確認できず
1991 この年、出産確認できず

図52　子の誕生と成長

てが、出産時期と思われた。

　誕生後半年ほどは、母に寄り添って行動する。この時期、子は親の目が届く範囲内で行動しているようだ。まれに、恐れるものが何かわからない子カモシカは、人の後をついてきてしまうこともあるようだ。母カモシカが近くにいるはずなので、その場で、子を追い払うことが第一である。カモシカは特別天然記念物だからもちろんであるが、そうでなくても野生動物の子がかわいいからと、連れ帰らないことだ。

　哺乳は、母の後足の間から子が頭を突っ込む形で行われる場合が多い。子カモシカは、まず分泌をうながすように何回か母の腹部をつつき、やがて乳を飲みだす。授乳期間がいつまでなのか不明ではあるが、かなり早い時期から母の食べている葉を横取りするように植物も採食し始める。母乳だけにたよっている期間は短いようだ。

　母とともに過ごす半年間ほどで、子は食べられる食物、行動範囲、他のカモシカとのつきあい方など、ほとんどの生活術を学び取る必要がある。父であろうダンナにマウントするというとんでもない行動も見られるが、母の保護下で子は親をまねてさまざまな行動に挑戦し、心身ともに成長していく。

図53　生まれたばかりの黒い子カモシカは母の体で遊ぶ

子別れ

誕生後、半年ほどした12月ごろから、子は少しずつ単独で行動し始める。1頭で採食したり、角で土を掘り返して遊んだりして、一時《いっとき》を過ごす（図54）。子の単独行動を初めて確認した日は、12月上旬から3月上旬までの間と幅広いが、確認できた8例のうち6例は12月下旬から1月であった。もっとも、その後も母と共に現われ一緒に過ごす時間のほうが長い。そして次の段階をむかえる。

やがて子は母から追われ近づけなくなり、単独で生活せざるをえなくなる。子は、執拗《しつよう》に母に近づこうとする。近づく子に対し、母は頭を低くし頭で子を突く。あれほど自分を保護してくれた母に近づけなくなり、子は何がなんだかわからない。攻撃はその後エスカレートし、一方的に追われ走り逃げるようになる。いわゆる「子別れ」である。

めったに大きな声を出さないカモシカであるが、子が「ベエー」と鳴いて逃げるのを何度も聞いた。腹の底からしぼり出すような「ベエー」には子のとまどいを感じる。

図54　子カモシカの一人遊び

霊仙山で完全に子別れが確認されたのは、３月下旬から７月中旬の間であったが、確認できた６例のうち５例が３月下旬から４月に集中していた。いずれにせよ、遅くとも次の子が誕生するまでに子別れは完了していた。こうして母は次に生まれる子に集中でき、母と別れた子は自立へと歩みだすことになる。カモシカの「子別れ」はゆるやかに始まり、劇的に完了する。

子の分散

子別れ後も、子はたびたび母のもとに近づく。追われることは十分にわかっているはずなのに、近づいては追い払われる。追われないのは大雪の厳冬期だけで、これは例外といえる。そして誕生後２〜３年、子別れして１〜２年が経過したころ、彼らの故郷である調査地で目撃されなくなった。誕生後、故郷にとどまっている期間は、雌雄の子で若干違うように見える。おそらく、他の場所へ移動し分散していったのだろう。

母が成長した子を追い払うのも子育ての一環といえる。また、次の子を身ごもっている母にとって前年の子は、じゃまになるのだろうか。大型獣のわりに行動圏が狭いカモシカにとって、おのずと生息できる個体数は限られてくる。つがいと当歳子、合計３頭の生息が限界なのだろう。

カモシカは３歳ころから繁殖が可能になるという。分散して姿を見せなくなったころ、子はちょうど繁殖が可能な成獣となっている。そのほかにも子の分散は、近親婚の回避という意味もあるのかもしれない。

子カモシカの死

毎年、子カモシカが誕生し順調に子別れし分散したわけではない。子別れ前、突然に子が現われなくなったことが2例あった。単独で行動する前の1月中旬と、ときに単独で行動していた2月中旬のことである。いずれも生後1年以内であり、分散するには早すぎる。現われなくなった子は死亡したと考えざるをえない。死体の発見に努力をしたが、これは野に落ちた針を探すようなもので無駄であった。寒風が吹くなか、子を連れずに現れた母カモシカは、それでもしっかりと立っていた姿が今でも目に焼きついている。

1986年（昭和61）以降になって、チャコの出産が隔年でしか確認できなくなった。流産や出産直後の死亡などの可能性もあるが、その原因にはチャコの高齢化もあるのだろう。

結局、調査をしていた13年間で、7頭が無事に分散することができた。およそ半分の確率である。さらに、その後を考えると自分の行動圏をもち繁殖にまでこぎつけたカモシカは、せいぜい3、4頭に過ぎないのではと思われた。子カモシカが生き残るために、自然はやさしい顔を見せてはくれない。

5．カモシカの１日

１日の重さ

霊仙山での例数は少ないが、うまくいけばカモシカは10年ほど生き続けることができるようだ。人間の寿命をおよそ80年間とすると、その１年は人間の８年分ほど、１日は１週間以上の重みがあるといえそうだ。カモシカにとって貴重な１日を追ってみたい。

カモシカの１日というものの昼間の一部しか知ることはできない。その生活は単調といえる。食べる、反芻《はんすう》する、休息する、移動する、他の動物との相互作用の繰り返しだ。おそらく、夜間も昼間と変わらない生活をしているのだろう。

採食行動とメニュー

カモシカはもっぱら植物を採食する。直接観察で採食時間や採食メニューを知ろうとすることは、根気がいる。時計片手にその口元を見続けなくてはいけない。その一点に注目した調査が「里山獣類研究所」代表の小林勝志さんにより行われた（小林 １９９６）。小林さんは高島市朽木《くつき》岩瀬在住の哺乳類調査のプロである。その調査内容を紹介したい。

調査は１９９３年（平成５）３月から１９９４年１月まで、のべ39日間、鈴鹿山地南部の綿向山《わたむきやま》東面の山中で定点観察法により行われた。カモシカがほとんど目撃できない月もあったが、ほぼ１年間にわたる貴重なデータを蓄積することができた。

その結果、昼間の行動のおよそ半分は採食行動をしていることがわかった（図55）。カモシカの1日のうち、採食のウエイトが大きいことがわかる。とにかく、何をするにも食べなければ始まらない。低カロリーの植物からエネルギーを得ようとする動物の宿命ともいえる。

採食メニューは、スギやヒノキの造林木、低木も含めた広葉樹、草本、枯れ葉がおもなものであった。調査期間を通した平均は、広葉樹が5割ほどでもっとも多く、ついで、枯れ葉が3割ほど、草本《そうほん》と造林木がおよそ1割であった。意外に思われるかもしれないが、枯れ葉も採食メニューのなかでは重要である。

さらにその割合は月ごとに変化した（図56）。新緑の頃から落葉期までは広葉樹と草本の採食がほとんどである。それとは逆に、落葉したあとの枯れ葉は、晩秋から早春にかけてよく採食されている。

注目すべき造林木への採食は、広葉樹の落葉期から翌春までのおもに冬に見られた。夏にもわずかだが採食されている。ただし、林業被害の原因ともなる造林木の採食についてはわずかでも注目する必要がある。メニューのなかで、年間を通した採食の割合が少ないから、夏だから問題がないというわけにはいかない点である。

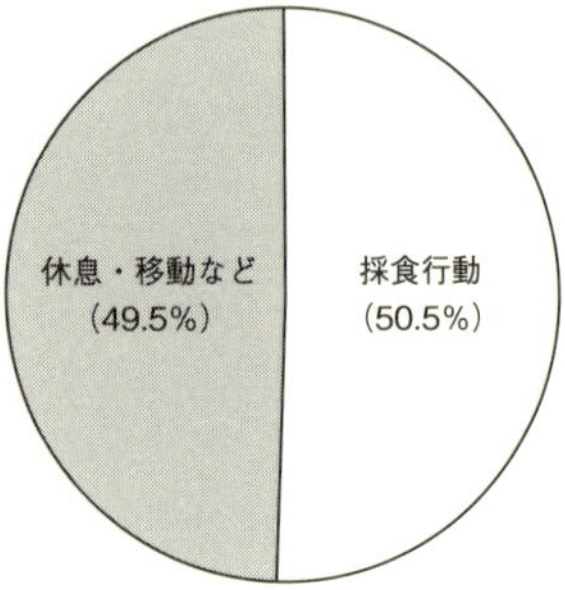

図55　採食時間（小林勝志氏による甲賀市白倉谷におけるデータから引用）

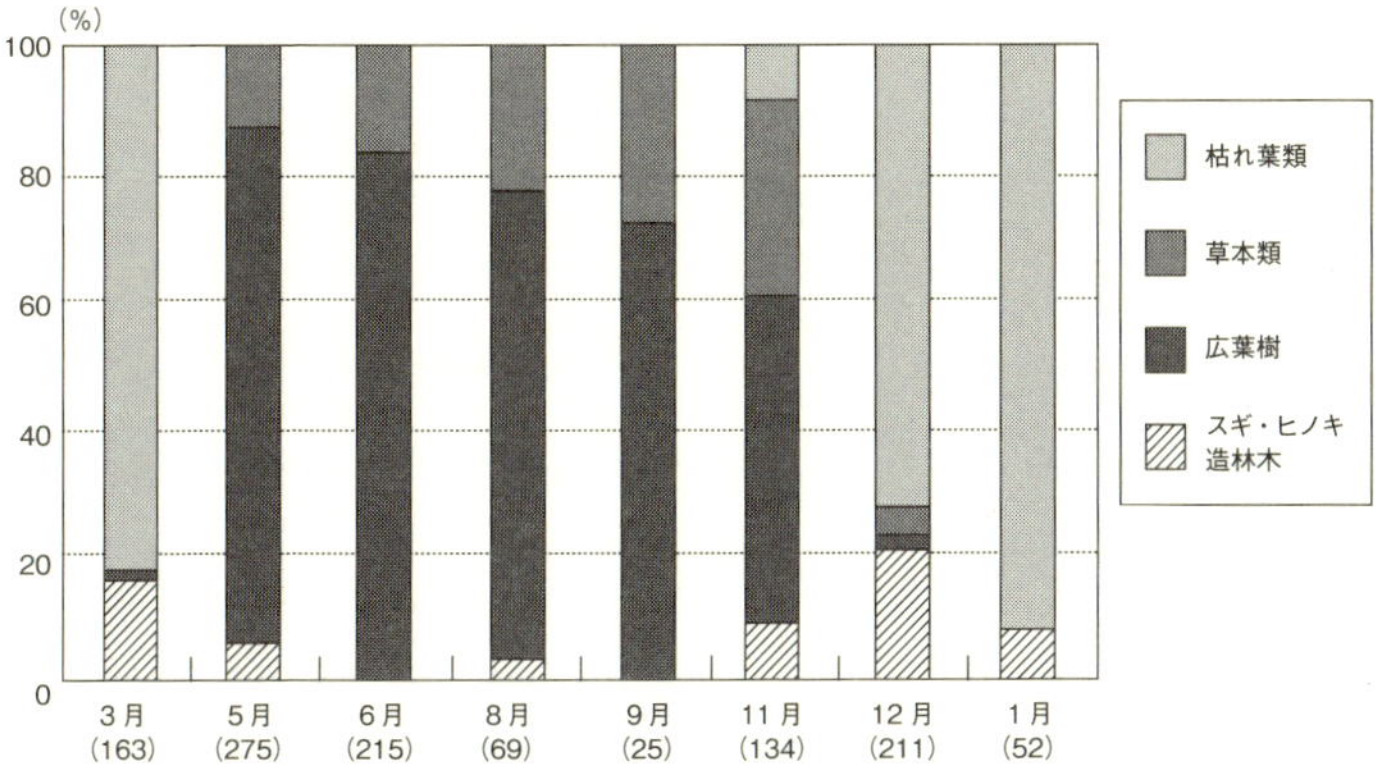

図56　採食メニュー（小林勝志氏による甲賀市白倉谷におけるデータから引用）

カモシカの1日のうち、採食は地味な行動ではあるが採食時間は長く、その影響もふくめて重要な行動であることを再認識させるデータである。

目地舐め

カモシカの採食行動に関連して、不思議な行動に「目《め》地《じ》舐《な》め」がある。目地とは、山腹が崩壊しないように土留めするためのコンクリートブロックの法面《のりめん》にある隙間をいう（図57）。カモシカやニホンジカが、その目地からしみ出した白い物質を舐めていることがある。誰が言い出したのか、この行動を目地舐めと呼んでいる。

そのような山腹工事は、霊仙山調査地内では行われておらず、綿向山調査地、名古屋市内や栃木県足尾町（現、日光市）などでの観察で私は知った。各地で見られることから、けっして、一つの地域だけの特別な行動ではないことがわかる。見ていると、とにかく執拗《しつよう》と思えるほど熱心に、1ヶ所にじっと立ちつくしぺろぺろと白い滲《しん》出《しゅっ》物を舐めている。カモシカが去ったあと、その跡を確認すると、唾液がべっとりとついており、齧《かじ》ったのではなく舐めていたことがわかる。試しに少し舐めてみても、何の味も感じない。はたして、白い滲出物は何だろうか。

　昔から、野生動物が土を舐める行動が知られている。そのような場所は限られており、土壌中に含まれる塩類を舐めているのではないかといわれ「塩舐め」とか「べと舐め」とか呼ばれている。これは、胃の内部で生じた酸性物質を中和するためとか、栄養素として塩類に含まれるミネラル成分を摂取するために必要な行動と推察される。実際、栃木県足尾町では土壌分析の結果、周辺の舐めていない土壌にくらべ舐めている土壌は、ナトリウム濃度が8～24倍も高いことがわかっている（桑野・矢沢２００４）。

図57　法面のコンクリートブロック（白い塩類を舐める）

　コンクリート表面の目地から析出《せきしゅつ》している物質はほとんどが炭酸カルシウムで、やはり塩類だ。この現象は「白華《はっか》現象」といわれ、コンクリートが硬化する過程で生ずる水酸化カルシウムが大気中の二酸化炭素と反応して炭酸カルシウムになったもののようだ。炭酸カルシウムはほとんど水に溶けない。だから、これら塩類を摂取するために、少しずつ時間をかけて舐めていたのだろう。

　目地舐め以外にも同じ目的で行われる行動に、糞尿跡舐めがある。ヒトや動物の排尿跡をカモシカやニホンジカが舐めるのである。栃木県足尾町で長年にわたり野生動物の撮影をされている横田博さんは、廃屋のトイレ跡などに無人撮影装置を設置し、さまざまな動物を撮影した。その中には、明らかにカモシカやニホンジカが糞尿跡を舐めている写真が含まれている（横田 1997）。横田さんのこの組写真は、野生生物写真の芥川賞といわれた平凡社のアニマ賞（第14回）を受賞した。

カモシカの生活する範囲内に食物となる植物が必要なことはいうまでもないが、同様に塩などミネラル成分が供給される場所が不可欠だと思われる。そのような場所はおそらく限られており、ひょっとしたら食物同様に彼らの行動範囲を決める要因として重要なのかもしれない。鈴鹿山地で見続けたカモシカたちは、はたしてどこで塩類を得ていたのだろうか。

図58　採食（青森県九艘泊）

霊仙山での採食行動

新緑のころ霊仙山で観察していると、口の周辺にある植物はほとんど採食している（図58）。場合により、自分の体高よりも高い位置であっても、枝にうまく蹄をかけ、枝をしならせて先の方の葉を採食する。採食しない植物のほうがはるかに少ない。アセビなどツツジ科やキンポウゲ科の植物、バイケイソウなどのいわゆる有毒植物がそれである。シダ類も多少は、採食している。以前、東北地方で、カモシカがブナ科の樹皮についた地衣類やコケ類を採食していたのを見たことがある。採食する植物メニューは多種類にわたっている。

採食ではないが、カモシカは水を飲まないという噂があった。しかし、目の前でごくごくと水を飲む姿を見た。当然ながら水も必要とする（図59）。

葉がなくなった落葉樹の枝も採食する。栄養があるとは思えないが、とりあえず腹を満たすことが第一なのだろうか。場合により、指の太さくらいの枝も採食されている。緑色の新鮮な食物のない厳しい時期には、霊仙山でも落ち葉を採食する。

どんな植物の部位を食べているのかは、新しい糞《ふん》の色を見ても推測できる（図60）。糞は紡錘《ぼうすい》形でニホンジカも変わらないが、1ヶ所に多量の糞をすることでおよそ区別をすることができる。ある程度まとまった粒の集まりを糞塊という。ニホンジカは歩きながらもぱらぱらと糞をするので、糞塊あたりの糞粒数は数十粒が多く、ばらばらだ。カモシカは1ヶ所に腰をおちつけて多量の糞をするので、糞塊あたりの粒数は数百になる（図61）。しかも、何回も同じ場所にすることが多いので糞が山盛りになる。俗にいう「ため糞」だ。新鮮な葉を採食した場合、葉緑素を含むことから濃い緑色となる。落葉期に枝などを採食すると、茶色に変化してくる。脱糞後あまり時間が経過していない新しい糞の表面は、しっとり水気があり、膜が

図59　水を飲む（栃木県足尾町）

図60　新しいカモシカの糞は黒っぽい

張ったようにつやがある。時間が経つと、乾燥し茶色に変化してくるので時間経過の目安になる。枝などが入ると、粗いチップ状の繊維を含んだ糞となる。

以前、信州の山奥で大学生の方たちと造林木に対する食害の調査をしていたとき、はたしてスギやヒノキはうまいものなのだろうかと話題となった。スギは葉先が鋭く食べる気にならなかったが、ヒノキはなんとかなるかもしれないといって自炊の夕食時てんぷらにしてみた。しかし、口に入れた瞬間に苦味《にがみ》がはしり、とても食べられるものではなかった。植物は食べられまいと、アルカロイドなど動物にとって毒となるものを体内でつくり摂食から自分を防衛している。動物はこれを苦味や渋味と感じ、食べるのをやめる。しかし、カモシカはもくもくと食べ続ける。

図61　カモシカのため糞（何度も同じ場所で糞をする）

時には、とげのある植物も普通に採食する。口の中が傷だらけになるのではと思うような、茎や葉にとげがあるクマイチゴやアザミの類、さらに茎と葉のとげが毒液を含むイラクサまで採食する。かれらの口の中や味覚がどうなっているのか、とても理解できない。

植物を採食する反芻獣《はんすう》の採食形態には、おもに木本《もくほん》の葉を食べ森林に生息するブレイザー型とイネ科草本の葉を食べ草原などに生息するグレイザー型などが知られている（高槻２００６）。おおよそ、カモシカはブレイザー型といわれている。一方、ニホンジカは環境や地域によりさまざまな型をとるといわれている。目撃する限り雲仙山のニホンジカでは、カモシカと採食メニューはほとんど同じように見えた。

エネルギー供給源としてみれば低カロリーなのでたくさんの量を食べる必要があるが、利用できる植物は周囲に多量にある。これは、植物食性の長所といえるかもしれない。

一方で問題点もある。消化しづらいこともその一つだ。採食された植物成分の多くは、セルロースである。セルロースはでんぷんと同じ多糖類で、皆さんが読んでおられるこの本もセルロースが主成分である。分解されればグルコースとなり、エネルギー源や体をつくる材料となる。しかし、カモシカやニホンジカなど哺乳類は、セルロースを分解できる消化酵素を持っていない。そこで、腸内の微生物に少しずつセルロースの分解をしてもらうことになる。いったん食べて胃に入れたものを口に戻して再度かみ砕くなど、これがなかなか手間と時間がかかる。この噛み戻しを、反芻という。

立ち止まったときや座位休息中に突然、カモシカがげっぷをすることがある。反芻のため口に食べ物をもどす動作である。よだれを垂らしながら、ひたすらよく噛んでいる。臼歯《きゅうし》が発達している形状からいえば、食べ物をよくすりつぶしていると言ったほうが正確だろう。このような時は、緊張している様子は見られない。

雲仙山でもカモシカは昼間の大半を採食と反芻に費やしている。

図62　座位休息（栃木県日光市）

休息と睡眠

胴部を地面につけて移動していない状況を座位休息とした（図62）。立ったままの立位休息もある。たいていは、反芻しつつ休息することが多い。長い時間座りつづけると、その場に立ち上がり後肢で体を掻《か》き座りなおす。暖かい季節には四肢を投げ出して、寒い季節には、四肢を胴部の下にたたんで静かにしている。雨中でも、雪の上でも好天の時と同じように休息している。

長径１ｍほどの雪穴に、体毛が多数落ちていることがある。休息跡である。体毛の両端を持って折ると、弓を描くように折れずに曲がればおよそカモシカの、ぽきりと折れるようならばニホンジカの体毛だと言われている（図63）。雪の中でも静かに過ごせる、彼らの我慢強さには恐れ入る。

座位休息中に、こっくりこっくりと頭がふらつきだすことがある。眼を閉じ、頭を体や地面につければ睡眠とした。しかし、長く続いた睡眠を昼間に観察したことはない。せいぜい、10分から20分も続けばよいほうだ。はたして、夜間にはどれだけ睡眠をとるのだろうか。とても長時間睡眠できるとは思えない。

カモシカは、寝床や巣のようなものは作らない。地面にじかに座ればそこが休息場であり、寝床である。場所は、周囲が見わたせる岩の上や崖の上が多い。そこは他のカモシカが侵入してくるのを監視しやすい場所だ。チャコたちを長年、見続けられたのも、このポイントとなる場所が見わたせる定点であったことによるといえる。

移動と逃避

休息が終われば、採食しつつ移動することが多い。人間など侵入者が見られると、静かに立ち上がりゆっくり移動していくこともある。歩行スピードは、1分間に数歩ほどである。数十歩になると速い歩行で、近くにほかのカモシカや人などの侵入者がいる可能性が高い。

余裕がある場合には、逃げる方向を確かめるようにまず周辺を見渡し、そのあとで逃げる。侵入者が急に出現した場合にはダッシュで逃避する。逃避には、「フィ」と

図63　落ちていたカモシカの体毛（見た目ではニホンジカの毛と変わらない）

聞こえる鋭い警戒声をともなうことが多い。興奮がさめやらないのか少し逃げ、立ち止まったあとでも警戒声を続けることもある。ニホンジカの警戒声「ピィー」とは異なり、カモシカでは音声が濁っており音程も少し低い。慣れれば区別は容易だ。

チャコたちも2、3頭で群れている時に、突然逃避し走り去ることもある。面白いのは逃避する方向がばらばらなことだ。少なくとも母子は同じ方向に逃げると思いがちだが、そういうことはほとんどなかった。逃げ走るといってもせいぜい数十mのことだから、すぐにまた合流できるのかもしれない。侵入者の目をそらすには四散したほうがよいのかもしれないが、それにしても不思議な逃げ方である。

カモシカの1日は、単調である。採食、休息、移動の繰り返しがほとんどだ。いずれも、生きるためには最低限の不可欠なものばかりである。これらができれば生活を続けられるが、そのためにクリアしなくてはいけない重要な問題がある。それは、行動できる場所を確保し維持することだ。このことについては、第4章で報告したい。

第3章 綿向山のカモシカやニホンジカたち

1. 調査地を変える

霊仙山から綿向山へ

霊仙山《りょうぜんさん》のカモシカたちは、さまざまなことを教えてくれた。しかし、やがてその姿が見られなくなった。定点から調査地を眺めてもスギやヒノキが大きく成長し、その下に動物が現れてもほとんど見えない。それではと調査地内を踏査しても、カモシカを見つけることも生活の痕跡を見つけることもできなくなった。カモシカがいない、見えない。20年近くのつきあいとなった霊仙山とも別れの時となった。１９９２年（平成４）のことであった。

新しい調査地の目星はついていた。いつかはこういう日がくるだろうと予想して様子を見ていた所が、鈴鹿スカイラインを武平《ぶへい》峠から滋賀県側に下った甲賀《こうか》市土山町大河原《おおかわら》にあった。鈴鹿山地南部にある綿向山《わたむきやま》（標高１１００ｍ）の東面に白倉谷という大きな谷がある。その再奥、標高６００～８００m付近にあるスギやヒノキの幼齢造林地約16haが新しい調査地であった（図64、65）。

綿向山は鈴鹿山地南部にあり主稜線からは少しはずれるが、標高も高く古くから登山がさかんな山である。山塊は日

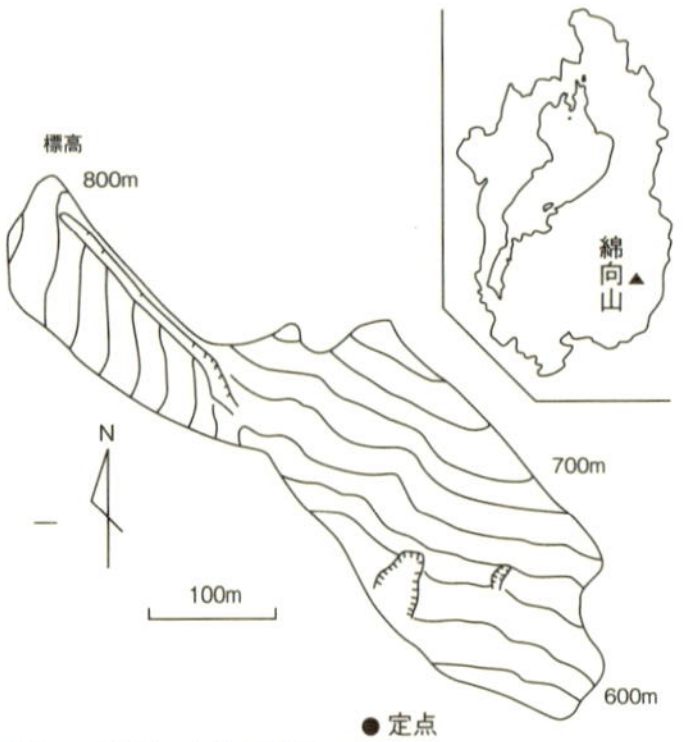

図64　綿向山調査地

図65　綿向山白倉谷調査地（滋賀県甲賀市土山町）

野町、甲賀市、東近江市にまたがっている（巻頭の地図参照）。頂上には立派な大嵩《おおだけ》神社が祀られている。一般の登山コースは調査地の反対側である西面の日野町側に集中しており、調査地内に登山客が現れることはほとんどなかった。

ここを調査地と決めた理由は、とにかくカモシカが見られたことがまずあげられる。自宅からの距離が霊仙山に比べ２倍ほど遠くなったが、林道が奥まで続いており、登り口から30分ほど歩くだけで定点に到着できた。鈴鹿山地北端の霊仙山と違い南端に近い綿向山調査地では比較的温暖で降雪量が少なく、悪天により霧が発生し観察不能になることもなかった。入山しやすく観察しやすい場所であったこと、さらに地元の方々に受け入れていただけたことで調査地とすることができた。

かもしかの会関西

綿向山での調査にいたる経緯については、少し補足が必要だ。土山町の山林に入山し始めたのはもっと前、１

980年代前半のことである。カモシカ問題が社会問題化したころ、霊仙山での調査がようやく軌道に乗りだしたころのことだった。

財団法人日本自然保護協会の当時研究員であった木内正敏さんから、「鈴鹿山地で調査をしているなら、私たちも土山町でカモシカやシカの食害防除作業を行っているので話をしに来てほしい」という連絡をいただいた。すでにその時、木内さんは文化庁委託のカモシカの研究報告書をまとめられておられた（日本自然保護協会 1978）。私もお話を聞きたく国鉄の列車を乗り継いで土山町に向かった。水道やガスもない廃屋に近い作業宿舎で、熱気ある若者たちを前に、霊仙山での調査のあらましをお話しした。

若者たちは、1979年（昭和54）に設立され、財団法人日本自然保護協会のもとで活動していたボランティアグループ「カモシカ食害防除学生隊」のスタッフや参加者であった。その結成趣旨は「自ら進んで食害防除活動を行うことを通して、地元と共にニホンカモシカと人間の共存について考え行動していく」ことであった（かもしかの会関西 1996）。カモシカ問題を、現場で被害者の方々を交えて話し合ったうえで考え行動する活動方法は、たいてい陥りがちないわゆる保護派と被害者との対立という図式とは違う新しい試みであった。これを組織した木内さんたちにも敬服するが、深刻な問題のある現場に入る若者も熱心だし、それを受け入れた被害者の方々の厚意も尊敬に値する。

カモシカだけを見ているだけではわからない、別のカモシカ像が見えてくる会の活動に私も少しずつ参加するようになった。作業内容は多岐にわたった。その一部を紹介したい。

図66　ポリネットによる造林木防除

作業地である造林地に着くのにまず、ひと山登る。作業地に着いたら伐採跡地に残る大きな枝を寄せ集めて苗木を植える場所を確保、地こしらえする。重い苗や植栽用の鍬《くわ》を山奥まで担いで登り、できるだけ等間隔に穴を掘り、苗木を植える。作業は急斜面で足場が悪い場所が多い。荷物は落ちるし人も転げ落ちる。穴の掘り方、苗木の植え方にはすべて手順や決まりがある。こんなにしんどい思いをして植えておいて、翌朝には苗木を動物が食べていたら怒りたくなるのも無理はない。

被害を防ぐために、単木ごとにポリネットをかけ、食べられないようにするのも根気がいる。単に被せればよいものではなく、これにもやり方がある（図66、かもしかの会関西２００８）。かもしかの会ではこれに効果測定のための調査項目の確認や記録が加わる。金属製の防護柵つくりも機材の重さに閉口する。防護柵ができた頃には、金網をひっかけたヤッケやズボンがズタズタに破れている。

暖かい日は作業地で昼寝もできるが、寒く風雨が強ければ昼休みが苦痛になる。おまけに、吸血性のヤマビルが何匹も首筋まで登ってくる。真夏の下草刈り、枝打ち、枯死したり食べられたりした苗木の補植、防護柵の修理などほかにも作業は山ほどある。

造林という山仕事はとにかく重労働だ。しかも、被害問題まで重なれば、我慢強い林業家でも文句が出るはずだ。すべては、現場を見て、経験しなくてはわからない。

その後、カモシカ食害防除学生隊は、日本自然保護協会から独立することを機に、学生以外の参加も多いことから「かもしかの会」と名称を変更した。その主力は東京や関西にあったが、それぞれを独立した組織とし、「かもしかの会関西」が引き続き土山町を中心に活動するようになり現在にいたっている。任意団体であることも活動内容も変わりはないが、すでに30年を超える歴史をもつボランティア団体となっている。

カモシカ観察会

かもしかの会関西は、防除調査・作業とともにカモシカを参加者に知ってもらうため、カモシカを見るための観察会も実施していた（かもしかの会関西 1996）。百聞は一見にしかず、見ればどんな動物かはおよそわかる。何回かその調査に参加した。とにかく、カモシカを見てもらうのが最優先なので、見やすい場所で行うことになる。土山町のあちらこちらで調査地を探し、最適な場所が今の私の調査地である白倉谷だった。南から順にABCの3定点を設置し、目撃したカモシカの記録をとった。ときには、定点観察と同時に、上部から下部に追い出しをかける区画法を併用した。1989〜1990年（平成元〜2）当時、どの定点からも1回の観察で1〜3頭は目撃できる状況にあった。

団体で林道を歩いていれば、地元の方々に声をかけられ、いろいろな話を聞けるし、顔見知りにもなれる。部屋の中での話も大切だが、話し手も聞き手もいささか構えてしまう。やはり自然の中でのびのびと話し合える方が、個人的には性《しょう》に合っている。

この時期の踏査や定点観察の経験や人との出会いが、その後の調査に大変役に立った。動物の水場やよく休息する場所、それらを見渡せる場所、入り込むと危険な場所などはその時期に知ることができた。

2. 林道で目撃した動物たち

ある林道

霊仙山の場合とは違い、まず白倉谷に沿った6㎞ほどの長い林道を定点の登り口まで向かう（図67）。林道は自動車で通行させていただく。車ならあっという間に通過できるが、積雪期は輪カンジキを使うなどして2、3時間も歩くことになる（図68）。長い道のりだが、途中の楽しみはカモシカやニホンジカが飛び出してくることだった（図69）。

いつかは個体数を調査しようと思っていたが、なかなかそのチャンスには恵まれなかった。問題はいかに人間の影響なくカウントできるかにある。林道をカウントする前に、ほかの人が歩いていたら調査は台なしだ。この林道を使うのは私だけではない。朝一番に通過することはそうはできない。特に、積雪期は林業家の通行はほとんどないが、狩猟の季節ともかさなりハンターの方々がま

図67　ロードセンサスした林道

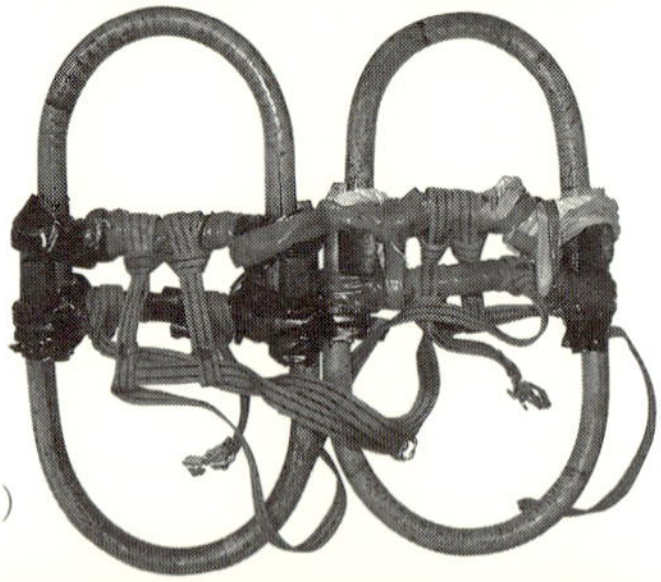

図68　輪カンジキ
（直しては使い20年を超えた）

図69　飛び出したニホンジカ成獣雄

ず林道に入る。その後にカウントしても動物たちは逃げてしまい、もともとの個体数を少なく見積もる可能性がある。

しかし、チャンスは突然訪れた。林道入口は国道に面している。その国道で簡単には復旧できないような大規模な崩土《ほうど》があり通行止めとなったのだ。車を利用することが多いハンターの方たちも当分は林道に入れない状況となった。1995年（平成7）1月のことだった。

ロードセンサス

そこで、内藤剛宏さん（旧姓山口）と共同で調査を実施することにした（名和・山口 1995）。当時、内藤さんは、農業を専攻する学生であったが、同時にカモシカなど野生動物にも関心があり土山町にしばしば通っておられた。

林道入口の標高は420m、終点の標高は520mとさほど勾配はなく、積雪の多さをのぞけば踏査は容易だった。調査は林道終点までの往復11・6km、左右100m以内（片側50m）で目撃できたカモシカとニホンジカなどの個体数を数えるものであった。林道両側の71%はスギやヒノキの造林地で見通しが良く、残りは二次林いわゆる雑木林であった。調査の初めに二人でメジャーを使い、尺取り虫のように200mごとに現在地確認用の標識となる赤布をつけていった。

このような調査は一般に、ラインセンサス法とか、ライントランセクト法とか呼ばれる。この方法は調査地を代表するデータを得るため、統計上処理できる計画的なルートや調査時間の選定が要求される。今回の調査ルートは林道を利用しており、積雪状況により調査時間にばらつきがあるのでの厳密性はない。しかし、積雪があっても歩行が可能で、藪内と違い両側の見通しがよく、ある程度の面積を確保できることなど現地の状況に合わせた方法であるとの判断から試みることとした。雪が音を吸収してくれるのか静かな山中で、誰も歩いていない雪を踏みしめる調査はすがすがしく楽しいものであった。

ロードセンサスの結果

調査は、1995年（平成7）1月29日から3月27日まで13回実施した。調査時間は2時間弱で、登りとなる往路の方が復路より時間がかかった。林道終点で休憩し時間をあけて復路も調査した結果も参考までに示した（表2）。もちろん復路では、明らかに往路と重複していると見られる個体数は除外してある。

カモシカの生息密度は0・6頭／km²となった。実際には、往復1、2回の調査で1頭見るかどうかという数値だ。往路と復路の差や調査日による差はほとんどない。往路にくらべ復路でも同じようにカモシカを目撃できた。これらのデータからも、なわばりをもつカモシカの生息分布の様子が見て取れる。

ニホンジカの生息密度は5・5頭／km²となった。追い出しの効果からか、復路では値が小さくなった。しかし、カモシカと違い密度は調査日により違いが見られた。どうも積雪があった時にニホンジカの生息密度が増えているらし

表2　林道におけるロードセンサス結果

頭／km²

	調査回数	平均調査時間数	調査面積	カモシカ	ニホンジカ	イノシシ	サル	ノイヌ
往路	13	1.9	7.2	0.6	5.5	1.2	0.4	0.1
復路	13	1.6	7.2	0.8	3.7	0.1	2.1	0.4
往復	13	3.5	14.5	0.7	4.6	0.7	1.2	0.3

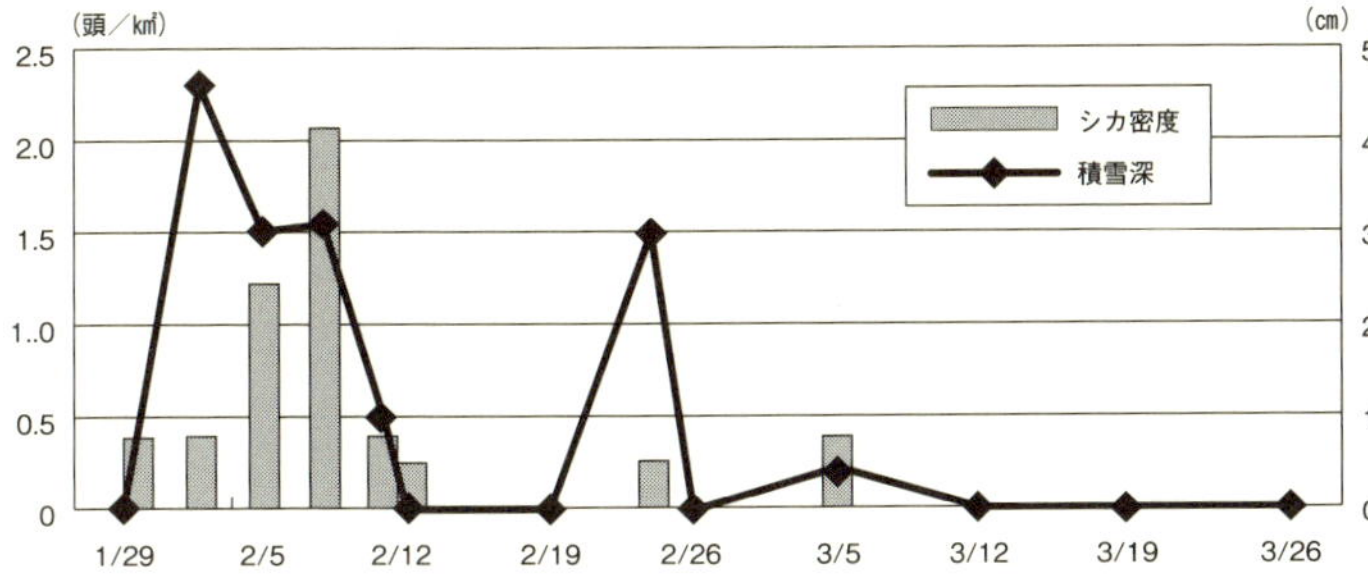

図70　ニホンジカの密度と積雪深

い（図70）。林道は沢沿いにあり、周辺から見れば低い位置にある。深い積雪のなかでの行動を苦手とするニホンジカは林道に下り、密度が高くなったようだ。ニホンジカではカモシカにくらべ、狭い地域でも気象条件や場所により分布のばらつきが大きい印象がある。このことは、夏季に林道を歩いても感じ取れる。それにしてもカモシカにくらべ密度が9倍以上も多くなっていることは、ニホンジカの個体数がカモシカより多いことを示している。白倉谷のニホンジカは、すでに１９９５年当時には多数生息していたといえる。

イノシシの生息密度は１・２頭／㎢となった。ニホンジカに次いで目撃されたのは、カモシカではなくイノシシであった。予想外だった。林道脇には、イノシシによる掘り返し跡が多く見られ、恰好の餌場となっているようだ。地元のハンターの方々の狙いもこのイノシシにある。林道でハンターの方にお会いすると聞かれるのは「イノシシを見なかったか」である。こういう場合は、見たことをすべてお答えすることにしている。

ニホンザルも目撃した。しかし、その個体数を把握するのは難しく、群れがいたことにとどめた方がよいようだ。近年は年中、里に居座るサルの群れが多い。山のサルも食料が少なくなる積雪期には山を下りるといわれる。しかし、白倉谷の群れのように厳冬期も山奥にとどまる群れもいる。

もう一種、忘れてはならない動物にノイヌがいる。ノイヌは人の管理がおよんでいない野に放たれたイヌである。調査の当初から、雪上にタヌキやキツネとは違う大きなイヌ科の足跡を見つけていた。足跡は3頭分あった。はじめは、猟犬の足跡だろうと思っていたが、3頭も貴重な猟犬が迷子になっていたらハンターの方は必ず探しておられるはずだ。狩猟にとって猟犬はなくてはならない。信頼関係をきずき、トレーニングや餌に金銭や時間がかかった猟犬をしかも3頭も放置する狩猟家がいるはずがない。しかし、これらのイヌを探している気配はなかった。調査の終盤、3月の調査で、ようやく3頭のノイヌを目撃することができた。白い2頭と、茶色い1頭の群れであった（図71）。私を見つけ吠えながら逃げるその首に首輪はなかった。

図71　ノイヌ

ノイヌ3頭は冬に目撃することが多い。まれに、夏にも山奥で複数のイヌの鳴き声を聞くことがあるが、おそらく同じ群れであろう。最近も目撃している。ずいぶん長寿だが筋骨隆々で、飼い犬を見慣れている者にとっては別の生き物のように見えた。近くに、雌ジカの死体があった（図72）。その首筋には犬歯の跡が残り、おそらく彼らが捕殺したものと思われた。ノイヌは、骨も砕く貪欲

図73　バックカントリースキー

図72　ニホンジカの死体（ノイヌによるものか？）

な食べ方をするのでわかりやすい。おそらく彼らは、増加したニホンジカを捕食する有能なハンターであろう。有能ではあるが、ノイヌがいる不自然さは問題といえる。

その後も、自家用車で林道が走れなくなる積雪期には、不完全ながら同じようなロードセンサスを行うようにしている。しかし、最近はカモシカがほとんど見られず、ここでもやはり減少していることがうかがわれる。

雪の多い季節の登りは足が雪に埋もれて苦労する。霊仙山に通っていたころは、「輪カンジキ」を使うことが多かった。輪カンジキは、雪面にかかる体重を分散させることで雪に埋もれにくくする昔からの歩行器だが、実際にはそれでも雪に足を取られる。今、気に入っているのは、スキー板の裏に滑り止めのうろこ状の刻みがあるバックカントリースキーだ（図73）。下るのは苦手だが、深い雪をものともせず進むことができる。直線が多く勾配が少ない林道歩きには、輪カンジキよりはるかに調子がよい。チャンスがあれば、今度はスキーを使って調査してみたい。

3. 調査地の環境と調査方法

綿向山調査地の気象と植生

調査地は南向きの斜面の中央付近で、小型の温度データロガを用いて1時間おきに気温を測定した。これは、温度を電圧に変換し、デジタル値で記録する最新の計測器で、1年近くも定時の測定値を記録し保存できるため大変役に立っている。露地での気温測定は百葉箱などが必要となる。その簡易装置を、ここでの共同研究者である高柳敦さんが作ってくれた（図74）。高柳さんは、生息環境管理に基づいた野生動物保護管理の研究者であり、動物の食害防除に関する専門家でもある（高柳 ２００９）。

図74　気温測定中

一部に欠測があるものの、１９９７年（平成9）から２００８年（平成20）までの平均気温は12・2℃であった。最高気温は38・8℃（２０００年8月）、最低気温はマイナス9・6℃（２００１年１月）であった。最高気温は7、8月に記録され、最低気温は1、2月に記録されることが多い。暑い日は30℃を超え、寒い日はマイナス5℃くらいになる年がほとんどだった。

各月の平均気温から求めた暖かさの指数は97・0となり、寒さの指数は8・9となった。いずれも潜在的に照葉樹林帯となる暖かさの指数１８０～85かつ寒さの指数10以下の範囲内だ。もう少し上部に行くとツガの大木やイヌブナ、ブナが生育する夏緑樹林帯への移行帯の兆《きざ》しも見える。霊仙山調査地での平均気温の推定値は７・９℃であり、暖かさの指数の推定値は59・7だったから、ずいぶん暖かいといえる。最近の積雪深も多くて50㎝ほどで、霊仙山の半分ほどだ。いわゆる厳冬期も１月初めから２月いっぱいまでと短い。

もっとも実際の調査地内の植生は、ほとんどがスギ・ヒノキの造林地であり、一部にシロモジを含む二次林が点在している状況にある。

季節の変化とヤマビル

気温の変化にともない、植物などの状況も変化する。新緑の季節は5月上旬のゴールデンウィークの頃だ。夏鳥であるカッコウなどホトトギスの仲間も飛来し始める。

やっかいなヤマビル（図75）が活動し始めるのもこの時期だ。霊仙山のときと同じく、綿向山でも定点にいたる作業道でヤマビルが何匹はい上がってきたかを記録している。増減の要因としてニホンジカに取り付いて各地にまき散らすので増えたといわれている（浅田・落合　１９９５）。ニホンジカにせよカモシカにせよ、ヤマビルの攻撃を受けているはずだが、どのように感じているのだろうか。ウシアブなど大型の吸血性のアブにつきまとわれて、尾や頭を振り嫌がっていることは多いが、ヤマビルを気にかけている様子を見たことがない。何の役に立つかわからないデータを取るのが

図75　ヤマビル

癖になっているのかもしれないが、今後もヤマビルが何匹はい上がってくるかカウントを続けようと思う。

ヤマビル対策には、いつも筋肉痛をやわらげる液体塗り薬を使っている。体に着いたヤマビルにこれを少し塗ればぽろりと落ちるし、疲れた筋肉にもよいと重宝している。多いときには1回の調査で何十匹も相手にしなくてはいけないが、それでも容器1本で2、3年は使える。これを使うことは、宮城県石巻市の太平洋上にある島、金華山《きんかさん》でニホンジカを調査している研究者の方から教えていただいた。金華山もヒルが多い。もともと同地でニホンザルの調査をしている研究者が使い始めたと聞いた。ヒル撃退薬も売られてはいるが、一般には入手が難しいようだ。

11月に入るとヤマビルも出なくなり紅葉が始まる。11月下旬になると、ほとんどの枝から葉が落ち冬の到来となる。調査する身にとって、暑くも寒くもなく、ヒルやアブに邪魔されず気分よく調査できる時期はせいぜい早春とこの晩秋の2ヶ月くらいだ。カモシカたちにとっても同様なのであろうか。明日をも知れぬ生活の中では、そんな余裕はないのかもしれない。我々は春夏秋冬と季節を区別する。それに比べて、繁殖を生活の中心とするカモシカたちの季節のとらえ方や季節区分は、ヒトとはまったく違ったものなのだろう。

調査方法

調査方法は基本的に霊仙山と変わりはない。おもに定点調査法を行い、ときに調査地内および周辺を踏査した。はじめ定点はスギ・ヒノキの幼齢造林地内にあった。しかし、造林木の成長ととも

図76　綿向山調査地の定点

に、見通しが悪くなったため、２００ｍほど上部の崩落跡に移動し見通しを確保し現在にいたっている（図76）。もとの定点も現在の定点でも、調査地内の見え方はほとんど変わらない。

定点と調査地間の直線距離は１００〜５００ｍほどで、双眼鏡や単眼鏡を用いて動物の目撃に努めた。踏査は、調査地内はもちろん、綿向山からイハイガ岳を経て大峠にいたる主稜線に登りのち下りるルートや、定点側の踏査ルートなどさまざまな場所でおこなった。この地域は、古くから炭焼きがさかんで作業道もあるはずだが、そのほとんどは消滅しており、もっぱら藪漕《やぶこ》ぎをすることになった。また、沢の上部はきわめて急峻《きゅうしゅん》で踏査は困難であった。

また、霊仙山では山中に泊まり込んで調査していたが、綿向山ではおもに日帰りの調査とした。

調査時間

定点調査は１９９２年（平成４）５月５日から開始した。現在も継続中で18年目に入った。週末を利用し、週に１回の実施を原則とした。２００８年（平成20）12月までで、調査回数は７５０回、調査時間数はのべ２１９７・６時間となった。１回あたりの調査時間は２・９時間となった（表３、図77）。３時間を調査時間の目標にしたが厳冬期の調査時間が少なく、わずかに目標時間を下回った。入山日数は７８１日なので、その差31日は定点調査していないことになる。そのほとんどは定点以外での踏査調査や積雪により定点にたどり着けなかったもので、調査できないような霧などの悪天はなかった。

表３　綿向山調査地における調査回数・時間数

年	回数	調査時間数	平均調査時間／回
1992	21	47.7	2.3
1993	35	93.9	2.7
1994	61	184.2	3.0
1995	50	156.9	3.1
1996	50	155.6	3.1
1997	47	131.0	2.8
1998	44	128.7	2.9
1999	45	141.2	3.1
2000	47	137.6	2.9
2001	45	128.5	2.9
2002	45	132.0	2.9
2003	46	136.5	3.0
2004	47	134.1	2.9
2005	48	142.7	3.0
2006	41	119.7	2.9
2007	41	124.5	3.0
2008	37	102.9	2.8
合計	750	2197.6	—
平均	41.67	122.1	2.9

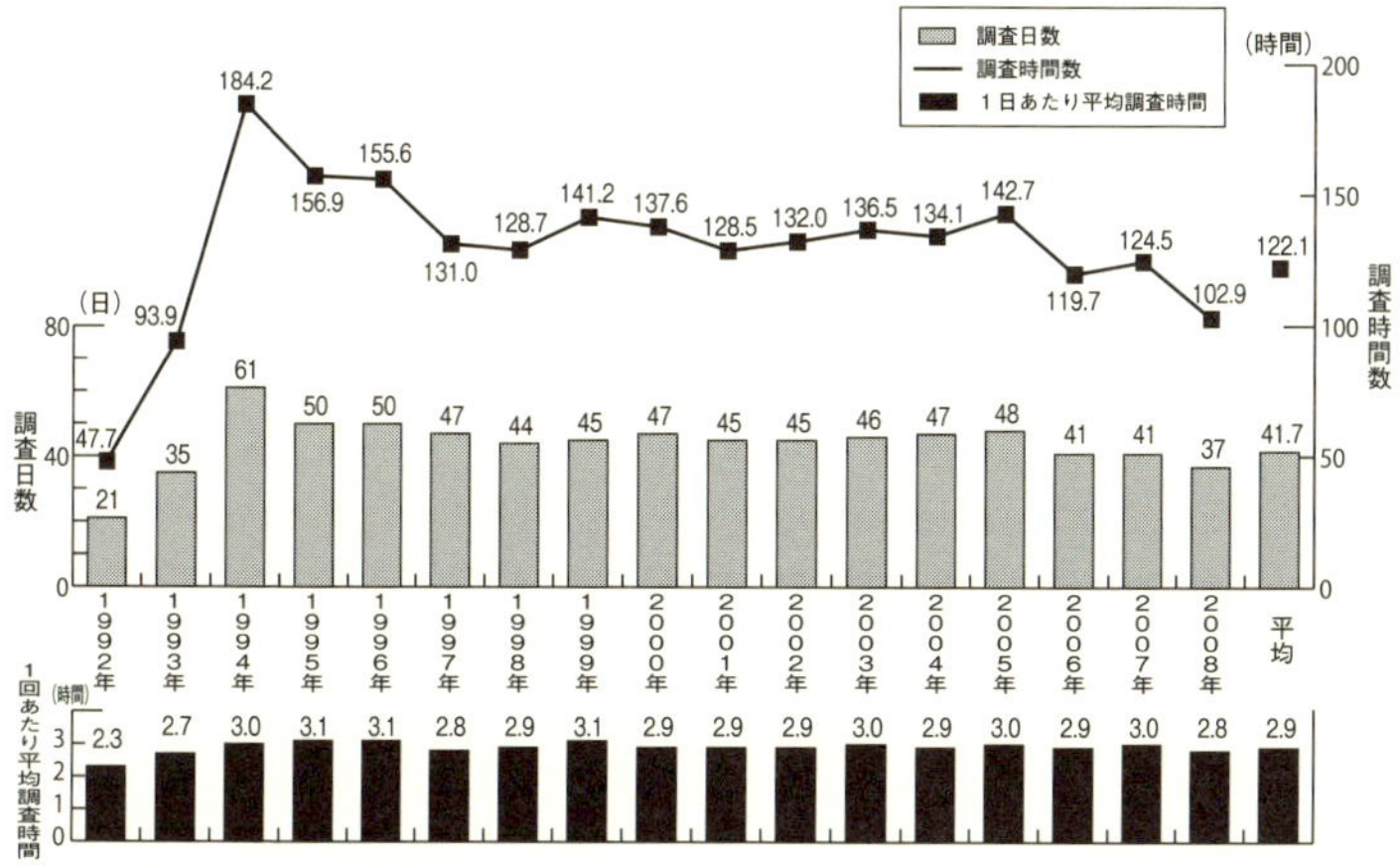

図77　綿向山における調査日数・時間数

4. 目撃されたカモシカたち

群れサイズとその構成

カモシカが2頭以上目撃できたのは1992年から1994年までだった（図78）。調査を始めたころ、調査地でカモシカが見られないことはまれだった。特に1993年には最多で5頭を目撃したことがあった。しかしその後、1頭以下に、さらにほとんど目撃できなくなっていった。

目撃されたのべ143群のうち97%、138群は単独で見られた（図79）。残りの5群のみが2頭連れであった。2頭連れはマウントなど繁殖行動も見られた同じペアであった。群れサイズは1・0頭／群となり、霊仙山調査地より小さくなった。

目撃された個体はすべて成獣で、幼獣や子連れも見られなかった。

霊仙山でチャコのペアや子連れを見慣れた者にとって、これは意外だった。カモシカはこういうものだという一方

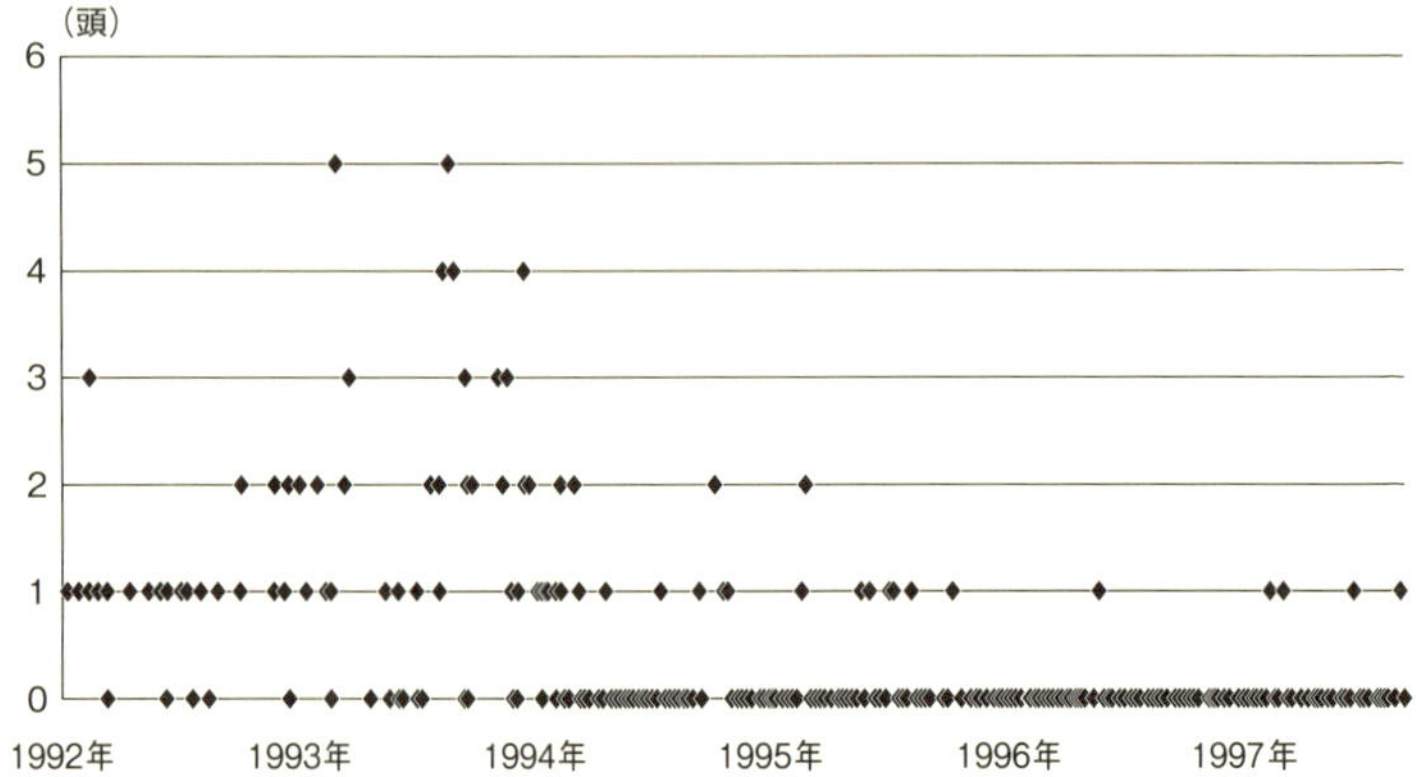

図78　綿向山調査地における目撃頭数

図79　綿向山のカモシカ（中央の岩の上に座っている）

的な見方が通じないことはわかってはいたが、頭の中の残像を見事に打ち砕かれた結果となった。

行動内容と目撃時間数

目撃された行動内容を、座位休息（座って仮眠、反芻など休息する）、立位休息（立ったまま休息する）、立位採食（立ち止まって周辺の葉などを採食し移動しない）、歩行（歩いて移動する）、歩行採食（ゆっくり歩行し移動しながら採食する）、走行（走って移動する）、逃避（走ってまたは歩いて他の個体から逃げる）、攻撃（他の個体を攻撃するまたは威嚇する）、その他（繁殖行動など）の９パターンに分類し記録した。

もっとも多く見られたのは歩行採食（49％）であった。次に座位休息（21％）、立位（13％）、立位採食（10％）などが続いた。移動しているか移動していないかの割合はほぼ半々となった。逃避と攻撃は、成獣カモシカが他の成獣カモシカに噛みつき、噛みつかれた個体が逃避した１例だけであった。

座位休息であれば30分以上移動しないことが多かったが、歩行をともなう場合などほかの行動ではやがて移動することになる。調査開始から終了までずっと見続けられた例はほとんどなく、日撃時間が1時間以内の場合が49％と半数を占めた。藪に入り見えなくなった場合もあるが、あまり長居をする場所ではなかったようだ。

カモシカの空白地域

綿向山調査地では、複数のカモシカが現れるものの各個体のつながりは希薄で、それぞれの個体がときどき調査地の様子を見に現れていたようだ。ある雌成獣がよく現れはしたが特定の個体のみの出現場所とはならず、やがてカモシカの空白地域となっていった。そのおもな原因は、おそらく個体数の増加とその後の減少によるものであろう。複数頭のカモシカが集まってくるという独特の使われ方がされた点でもユニークな場所であった。

繁殖行動をするペアもいたが、子連れで現れることはなかった。仲がよさそうなペアであっただけに残念であった。次の世代である若い個体が見られなかったことは、この地域の個体群の減少を予想させた。やがて、この予想は当たることになった。

カモシカが見られるので移ってきた調査地だったが、予想外の出来事が連続することになった。しかし、別のデータが集まりだした。ニホンジカのデータが、さらにカモシカとニホンジカ間の相互作用の貴重なデータが集まることになった。

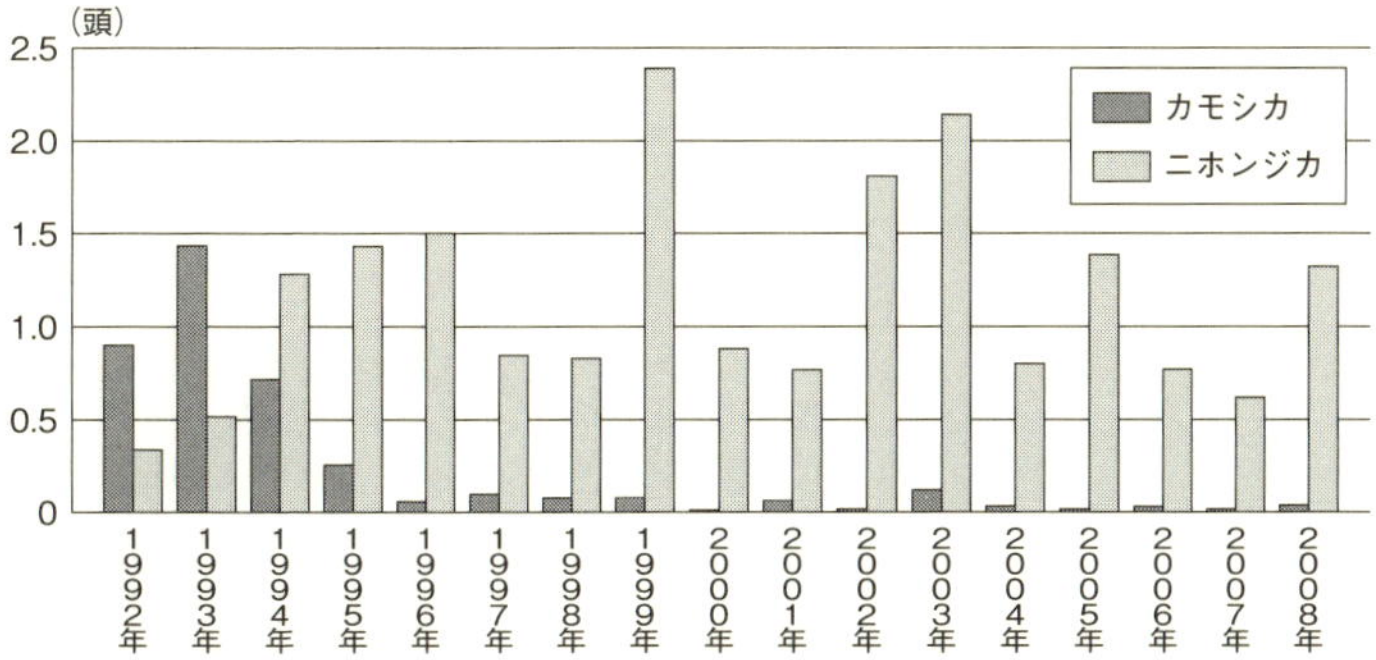

図80　綿向山調査地におけるカモシカとニホンジカの目撃率の年変化

5．目撃されたニホンジカたち

目撃率の年変化

１回の調査でニホンジカを何頭目撃したかを「目撃率」とした。調査当初の年平均は０・５頭／回ほどと少なかった。１９９４年（平成６）からは１頭／回を超えるようになり、１９９９年には２頭／回を超えるようになった。現在も当初の目撃率を超えた状況が続いている（図80）。詳細に見ると、目撃率の年変化が単純に増加しているわけではないが、おそらくニホンジカの個体数が増加したので目撃率が増加したのは間違いないだろう。このころから周辺地区でもニホンジカの増加が、人々の話題にのぼるようになったと記憶している。綿向山調査地のような比較的狭い面積での調査でも、周辺の個体数変化をそのまま反映してくれているようだ。

目撃率の月変化

目撃率といっても、１年を通して同じ割合で目撃されていたわけではない。それは目撃率の月変化を見ると明白だ（図81）。ニホンジカの目撃率がもっとも高いのは2月だ。6月から8月にも小さなピークがある。ほかの月はカモシカ同様に目撃率が低い。この増減を毎年のように繰り返している。

2月のピークは、厳冬期のころに現れる。雪が多い時期だが、調査地は南向きで所々雪も解け地面が見えている。そこに出ているススキなどの植物を採食している集団を目撃することで、目撃率が多くなったようだ。この時期に、調査地は採食に適した場所として集中的に利用されているように思われた。

一方で、ニホンジカの発情期である秋には調査地であまり目撃されない。発情期であれば、雌を囲い込もうとする雄が活発に行動する時期だから現れてもおかしくはないはずだ。しかし、この時期に発情した雄が見られることはほとんどなかった。調査地は繁殖にはあまり利用されてはいないようだ。

ニホンジカの発情声

発情した雄は辺り一帯に響く「フィーヨ」という独特の発情声を1～3回繰り返して鳴く。自分の存在を誇示するための鳴き声は山

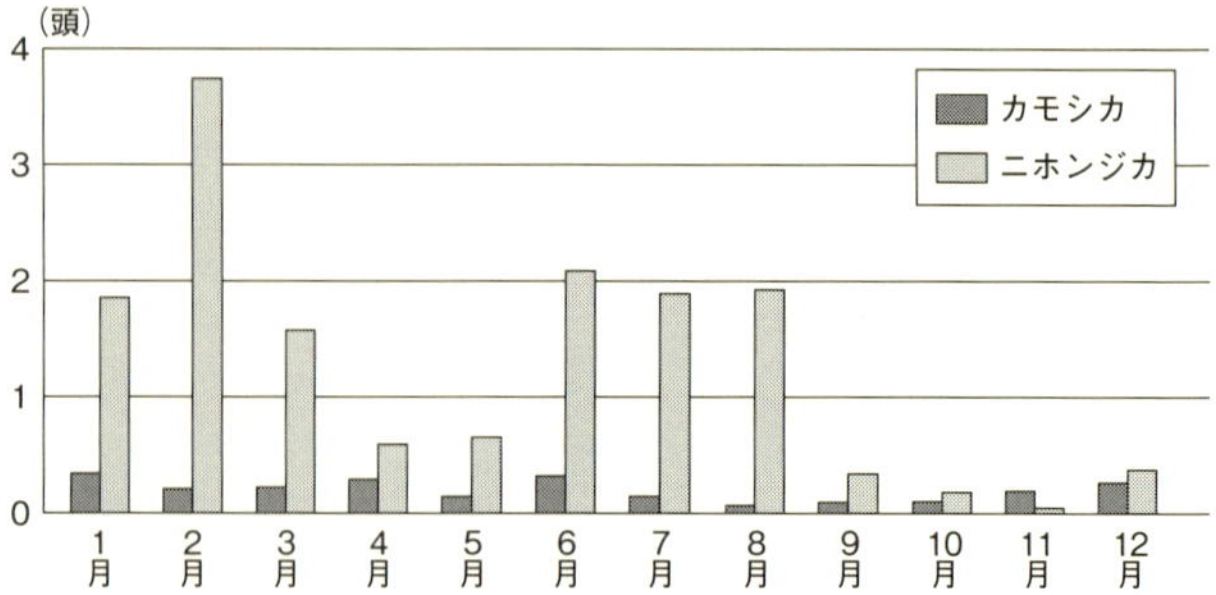

図81　綿向山調査地におけるカモシカとニホンジカの目撃率の月変化

中に響き渡る。それを聞いたほかの雄ジカも数分後には同じような発情声で応答し、ほかの雄ジカを牽制《けんせい》する。

定点でも周辺から発せられる発情声を聞くことがある。1週間おきの調査ではあるが、調査地周辺でのニホンジカの発情の様子を知ることができる。最も早い発情声は9月11日に聞いた（1993、2005年）。実は8月の下旬には、発情した雄ジカがぬた場で泥浴びをした跡や、その周辺での発情期独特の臭いが残っていることがある。やがて発情声をともなうようになり発情もピークをむかえる。毎年9月下旬であればまず聞こえる発情声だが、調査地内で聞かれることはなかった。

発情声でいつも気になることが一つある。その後も発情声は続き、もっとも遅い確認は11月23日（1997年）であった。ところがこの1例を除き、11月15日前には発情声はぴたりとやんでしまう。11月15日、それは狩猟解禁日である。ニホンジカが解禁日を知っているとは思えないが、何年も続くと偶然の一致ですますわけにはいかなくなる。

「雉《きじ》も鳴かずば撃たれまいに」という言葉は、たしか悲しい日本民話のなかでの言葉だったと記憶している（松谷 1973）。

昔、病気の娘に食べさせようと少しのあずきと米を盗んだ父親が、その責を問われ氾濫《はんらん》を繰り返す川の人柱にされてしまう。盗みがあばかれたのは、病気が癒《い》えた娘の手まり歌からであった。「自分の一言から…」というショックから娘は一言も口をきかなくなった。何年も後、娘のそばにいたキジが鳴いて居場所がわかり猟師に撃たれた時、自分の身と重ね合わせて思わず口にした一言がこの言葉だった。そののち、娘は撃たれたキジを抱いてどこかに去ってしまった…。

ニホンジカも「シカも鳴かずば撃たれまい」と考えているのだろうか。まさかとは思うが、同じような状況が各地でも起こっているのだろうか。

ハンターの方から「イノシシやニホンジカを追うと、鳥獣保護区に逃げ込んでしまう」という話を聞く。綿向山調査地のとなりに鳥獣保護区がある。毎秋、この保護区で鳴く雄ジカがいる。彼らは、鳥獣保護区を知っているのだろうか。

ニホンジカの群れ

ニホンジカの群れでは集合離散が頻繁に起こる。数十mはなれているから母子でないとはいえない。近くで一緒に採食していた集団が違う方向へ移動していくこともある。どこからどこまでが1群なのかの判断は難しい。1群を構成する頭数、つまり群れサイズをきちんと把握することは遠くから見ている定点観察では困難だ。しかも、奈良公園のシカのように開けた場所ではなく、隠れ場所にはことかかない森林ではなおさらである。よって、ここではおよそ10m以内で行動し、攻撃するなど互いに排除しない場合をとりあえず1群と見なして話を進めたい。

雌雄や成幼がわかったのべ511群のうち、単独で目撃されたのは322例（63％）にのぼった。ただし、前に述べたようにほかにも仲間が少し遠方にまたは木陰で座位休息していたかもしれない。とりあえず調査地内では単独で目撃されることが多かったといえる。

2頭群は120例で、母子と思われる群（68例、57％）が多く、次に雄のみの群れ（40例、33％）が

図82　ニホンジカ雄群

続いた。母子群が多いことは理解しやすい。しかし、発情期以外ではあるが、雄だけで群れをつくることは、カモシカでは考えられない（図82）。

3頭群以上の目撃は少なく、合計しても14％弱にとどまる。10頭以上の群れの目撃はわずか5例しかないが、ここでもニホンジカ特有の社会が見て取れる。調査地内で目撃された最大の群れ頭数は14頭だった。正確には14頭＋αとした方がよいかもしれない。5例のうち3例は厳冬期である2月に目撃された。猟犬に追われて防御のため集団を形成したような形跡もない。やはりこの時期、積雪で動きが鈍くなったシカたちは採食場所である調査地内に集まってくるようだ。

雌雄と成・幼獣の割合

ニホンジカの雌雄は容易に判断できる。雄には立派な角があり、雌にはそれがない。ただし、雄の若獣がもつ1尖《せん》の角は双眼鏡を使っても見づらく、注意しないと雌と間違える可能性がある。春に角の落ちた雄も同様に注意が必要だ。その年生まれの当歳仔の雌雄もほとんど区別できない。これらの点に注意すれば、体の大きさや体毛の色もずいぶん違い、性的二型といえるほど雌雄で外観が異なっているので判断は難しくはない。カモシカではこの性差が小さく、外見からはほとんど雌雄が区別できない。

　体の大きさや角、尻の白い毛の色により、齢もある程度わかる。たとえば、その年誕生した幼齢個体の尻の毛は淡い茶色で、成獣では白い。雄では角の形状で判断する（図83）。ニホンジカの雄では、尖端が四つに分岐している4尖が成獣といえる。しかし、生まれてすぐに4尖になるわけではなく、1尖、3尖などの時期を経るので判断が可能となる。1尖は幼獣と見なすことにする。

　目撃され性別や当歳子が確認できた891個体のうち48・5％が雌で、49・3％が雄であった。残りは性別が不明な当歳子だった。雄が若干多いのは動物の性比の典型ともいえるが、土地利用法の違いから雄が多く目撃された可能性も残されている。普通、ニホンジカでは雌が多く目撃される印象があるが、調査地では雄も多数目撃された。

　つぎに、目撃状況の月・年変化を、雌雄と成幼の割合も加味して検討してみよう。目撃個体のうち雄の占める割合の月変化は、6、7月で多く、ほかの月では減少していく傾向を示した（図84）。特に、発情最盛期の10、11月の目撃が少ないのは、なわばりをもちほかの雄ジカを

図83　ニホンジカの角（成獣の4尖角《せんづの》）

寄せつけないためというより、前にも述べたように調査地が繁殖のために利用されなかったことがおもな原因と思われた。

目撃率（調査1回あたりの目撃頭数）の年変化も性やおよその齢により変化した。注目に値するのは、成獣雌の目撃率の変化だ。年により増減の波があるが、近似の直線を求めると、その増加の様子が見えてくる（図85）。調査当初の１９９２年頃と比較すると、成獣雌の目撃率がずいぶん増加してい

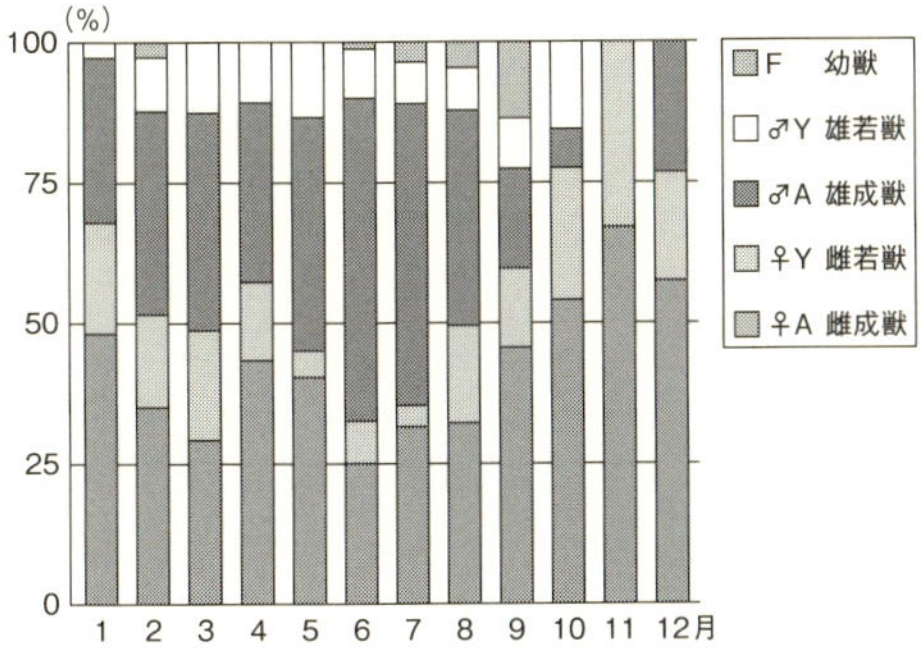

図84　目撃されたニホンジカの性・幼年構成（月別）

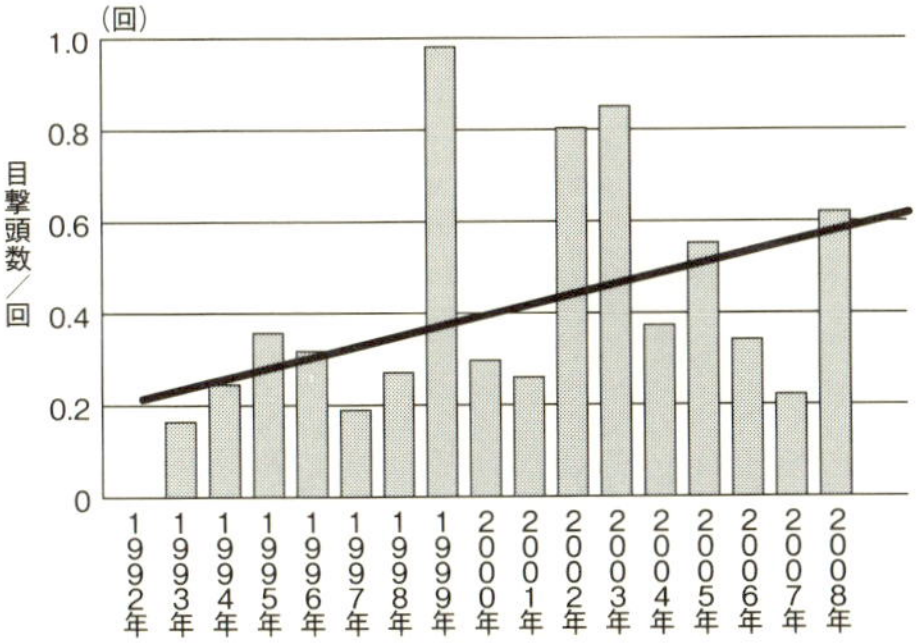

図85　ニホンジカ成獣雌の目撃率の年変化

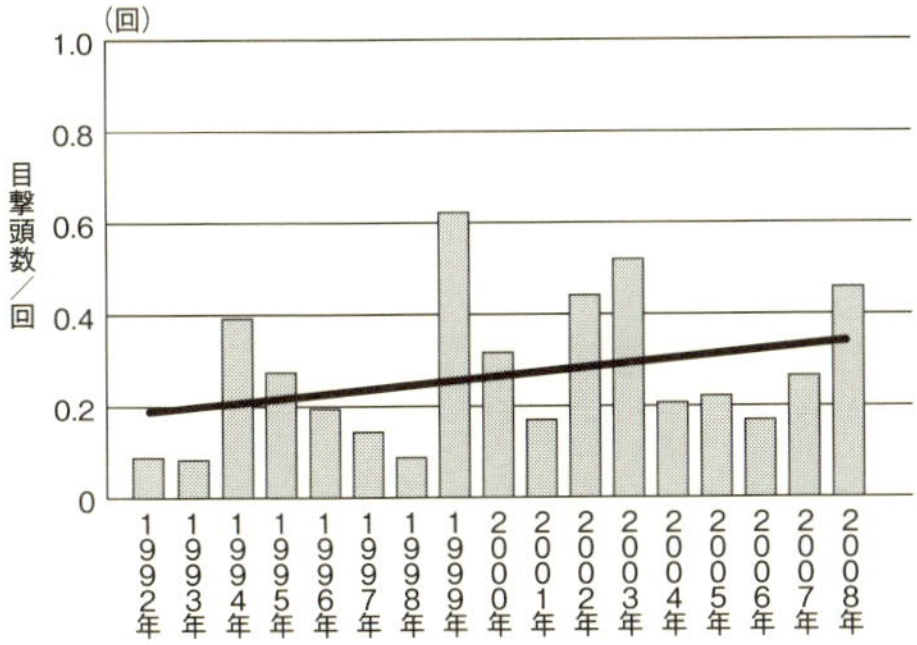

図86　ニホンジカ幼獣の目撃率の年変化

ることがわかる。当然のように、雌が生んだ幼獣や当歳仔の目撃率も増加傾向にある（図86）。雌が増えれば、生まれる子も増える。このことが、ここ綿向山調査地のニホンジカ全体の個体数を増加させる直接の原因となっているようだ。最近各地で問題となっているニホンジカ増加の縮図が、この小さな調査地でも見えてくる。

綿向山調査地の今後

綿向山調査地では霊仙山の時にくらべ、カモシカにせよニホンジカにせよ変化は急激だった。霊仙山で調査していた時期は、カモシカに専念できる環境があった。それに対し綿向山ではカモシカの減少やニホンジカの増加など、当初の予想とはずいぶん違った調査となっている。

一時は目撃できなくなったカモシカだが、最近少しずつ目撃できるようになってきた。ただし、見やすい調査地内ではなく見えにくい定点側で行動しているようであるが。やがては、空白となっている調査地側に現れる可能性もあるので今後に期待している。かつて、調査地はカモシカやニホンジカが造林木を食害し被害をあたえる激害地であった。今ではその造林地の木々も大きく成長し、動物が見づらくなってきた（図87）。しかし、ここが我慢のしどころかもしれない。もうしばらく調査を続けることにしようと思う。

図87　現在の綿向山調査地

第4章　なわばりと生息状況

1. なわばりと行動圏

なわばり？

一般に、生活上必要とされ行動する範囲を行動圏という。さらに、行動圏または核心部が、同種の他個体の侵入から防衛され占有されるようであれば、なわばりやテリトリーと呼ばれることになる。厳密な意味で占有されたなわばりを維持するには、大変なエネルギーを必要とする。四六時中なわばり内を巡視し、他個体の侵入を防がなくてはならないからだ。谷あり藪ありの複雑な地形の山中では、たとえ五感に優れた動物でも侵入者を見つけるのは一苦労だろう。そのため、なわばりをもつといわれている動物も、一年のうち発情期だけ期間限定や地域限定でなわばりを持つことが多い。たとえば、ニホンジカは発情期だけ、囲い込んだ雌の周辺わずかな範囲を防衛しているようだ。ニホンジカでは、一時的にせよ繁殖相手の雌を囲い込むという意味合いが強い。

それでは、カモシカではどうであろう。かれらは、一年中ほぼ同じ範囲で生活している。霊仙山のチャコたちも例外ではない。全域を確認したわけではないが、何年にもわたり同じ場所に現われている。これは、なわばりをもつことを想像させる。しかし、ほかのカモシカを見つけたとしても、すべてを追い払い占有することは不可能だろう。厳密な意味でのなわばりとはいえないが、現実的には広範囲を動き回る大型獣のカモシカにとってなわばりを持つといっても問題はないだろう。

ニホンジカの鋭くえぐったような跡とは違う小さな角とぎ跡はカモシカによるものだ（図88）。これは「私のなわばりに入るな」とのカモシカの主張かもしれない。

発情期のニホンジカほど強くはないものの、カモシカの場合も繁殖相手の確保という必要性が根底にあるものと思われる。もちろんこれには、一年中ゆるく続くつがい関係が関与していることは間違いない。そのほかにも、単独行動が多く自分だけのなわばりに固執している面も見え隠れする。

もう一点注意することがある。侵入者とはおもに同性のカモシカや子別れ後のカモシカに限定されることである。霊仙山では同性かどうかの判断ができなかったが、各地の研究では、異性に対しては侵入を容認することが報告されている（落合　１９９２）。雌雄別個に、ある程度決まった行動圏を持ち、つがいではそれが重複しているとする見方もある。

図88　カモシカの角とぎ跡
（ニホンジカのように大きく剥皮《はくひ》することはあまりない）

攻撃

調査地では、雄の成獣ダンナは正体不明な成獣個体に対して、雌の成獣チャコは子別れ後の子に対して攻撃的に排除した。ダンナは子別れ後の子に対しては比較的寛容で、攻撃的な場面を見ることはなかった。一度は、血縁と思われる子にマウントしたこともあった。とくに、ダンナとチャコがペアでいるところに子別れした子が現われた場合、チャコはとたんに子に向かい突進し追い払いにかかったが、ダンナはその場にとどまり傍観者となっていた。逆に、子以外の成獣に対してはチャコが傍観者となり、ダンナが攻撃に出た。チャコは幼い子を連れていることが多かったが、子連れでもこの傾向は変わらなかった。

アタックは、視野から見えなくなるほど遠くまで激しく突進するものから、じわじわとにじり寄るものまで、さまざまであった。激しく突進した後、少し間をあけてにじり寄るなどのパターンもあった。追う方はもちろん、逃げる方も速い。人間が歩くのに10ｍを10分もかかるような藪のなかでも、まさに矢のように走り抜ける。樹木の枝先が刺さるなど、負傷することは気にしていないようだ。額、鼻面や耳に傷あとをもつカモシカが多いのも無理はない。力学的には、スピードをつけて体当たりすれば、自分より大きな相手も倒すことができる。相手に追いつくためだけではなく、いかに速く走るかは攻撃のポイントにもなる。

攻撃は、自身の緊張と興奮から始まる。興奮の程度は、鼻の穴や眼の開き具合でも推測できた。鼻の穴が大きく開き、眼が普段以上に開いていたら興奮状態と考えてよいだろう。耳を必要以上にぴくぴく動かすのも興奮の表れのようだ。表情が表れにくい動物ではあるが、いつもとは違う変化を見つければ心理状態を少しは理解できる。

異変を感じたカモシカは、緊張した様子で特定の方向を注視する。そして動かない。余裕があれば、周囲の葉や枝先に、眼下線からの分泌物を擦り込み始める。やがて、攻撃対象であることがわかると、やや頭を下げ、片方の前肢で地面をたたいて後ろに土を蹴り上げる。それでも相手が近づくようなら、突然、突進する。突進すればすぐに相手が逃げ去ることがほとんどで、体同士が直接

図89　闘う！

接触するような攻撃はあまり見られなかった。しかし、観察例数は少ないものの相手の体への直接攻撃には激しいものがある。攻撃する側は頭部、特に角を武器にする。たいていは頭を下げたのち、角を上に跳ね上げるように侵入者の腹部を横から攻撃した。カモシカの角は小さいが先は鋭く、腹部に刺さったらかなりの傷を負わせることになる。実際、横腹に10cmほどの間隔で二つの小さな丸い穴があいた死体を２体は見ている。剖検《ぼうけん》していただいた獣医さんによれば、１体は刺し傷が肺に達しておりこれが致命傷となった可能性があるとのことであった。そこまで激しくはないが頭部を下げ横腹を押すような攻撃や、頭部どうしで押し合うこともあった（図89）。

攻撃対象が逃げ去り見えなくなっても興奮さめやらず、擦り込みをすることもある。ふたたび、採食や座位休息をするようになれば、興奮もおさまったといえる。

子別れ後の個体を含め他個体をなわばりの外へ追い払おうとする。そこには、自分の資源である餌や生活の場所、さらにつがい相手を常に確保しようとする、カモシカ流の生活術が見てとれる。この点、発情期以外にはゆるい群れをつくるニホンジカとはずいぶん違っている。

2. カモシカの生息状況

なわばりの連続性

カモシカは、つがいや母子など小さな群れ（個体群という）で生活している。さらに、なわばり内への他個体、特に同性の侵入を阻止する。他個体の侵入を防ごうとするなら、あまり広い範囲をなわばりにはできない。その面積がどれほどになるのかは、地形や食物量などにより異なるだろう。残念ながら霊仙山では、その面積を求めることはできなかったが、おそらく1㎢（100ha）つまり1㎞四方以上はあるだろう。基本的にそのなわばりは重複せず、連続している場合が多い。

他個体を嫌うのであれば、ほかのカモシカのいない別の場所に移動すればよいはずだ。それが許される豊かな広い自然環境があるのか、という問題もあるが、どうもなわばりがとびとびで不連続な状況にはない。互いに排除しあう関係なのに、なぜかなわばりは連続し集中してくる（岸元ほか1996）。生活する上で、条件のよい場所に集中してくるのかもしれない。雄はペア以外の雌を獲得するために、ほかのなわばりに入りたがるのかもしれない。子は子別れ後、そんなに遠くない空きのあるスペースを見つけて移出するのかもしれない。いずれにせよ、感染症が拡がりやすいという欠点ももつが、なわばりが連続することは種の存続と成長にとって効率がよいといえるだろう。

お互いに距離を置きたいのに、お隣や気になる異性をのぞき見するほど互いの距離が縮まって分布が集中してくる。そしてふと気がつけば、周囲はなわばりだらけということになる。カモシカはもともとそういう性格なのだといえばそれまでだが、なんともおもしろい現象である。排他的な「なわばり」が、隙間なく連続しているのが、カモシカ本来の生息状況なのだろう。

生息状況の調査方法

カモシカなど野生動物を調査していると、決まって聞かれることがある。「何頭いますか」「増えていますか、減っていますか」「どこにいますか」などである。すべてにきちんとお答えすることは大変むつかしいが、必要な情報であることは間違いない。

生息状況を知るためには、カモシカがどのように分布しているのかを知ることが必要になる。次に何頭いるのかが問題になるが、全頭数を知ることは不可能に近いので、代表的な地域での生息密度を調べることになる。さらに、齢査定や移入移出個体の把握も必要になる。定点観察法もこれら生息状況を知る有力な方法の一つといえる。

分布や密度を調べようとはいうものの、霊仙山のように比較的狭い地域でも難しい調査となる。まして、県単位になると大規模な調査となる。かつて、環境省の種多様性調査の一環として２０００年（平成12）から２００２年まで、県内に生息するカモシカも含めた哺乳類の分布状況をとりまとめた。のべ３年間にわたり多数のボランティア調査員のご協力をいただいて、現地調査はもちろん聞き取り調査やアンケート調査を実施した。全県をくまなく調べることができ、貴重な結果を得ることができたが作業量も多く大変だった。この結果は、環境省の生物多様性センターのホームページで公開されている。

現在、ニホンカモシカはどこに生息していても種指定の特別天然記念物とされている。しかし、造林木に被害を与えることが顕著となったことが原因で、近い将来には保護管理される地域を決めた動物に格下げとなる予定だ。地域を設定するためには、その地域内の生息状況を知る必要があり、そのため、環境省と文化庁のもと、各県の教育委員会は必要な調査を繰り返している（環境庁自然保護局 1989）。調査は毎年行われる通常調査と数年おきに行われる特別調査がある。これも実施している方々にとっては大変難しい調査だろう。予算の確保などの問題はあろうが、貴重なデータが蓄積されつつあるだけに、今後も継続していただきたい。

分布だけではなく、密度を推定するために「区画法」という調査方法がある。知りたい地域内の全頭数を確認するのは不可能に近い。そこで、サンプリングしたおよそ1㎢の調査地を何箇所か設定し、目撃した頭数をもとに全数を推定する。調査地がその地域を代表しているかどうかも重要だ。一つの調査地を10人ほどの調査員で分担し、各区画をジグザグに歩き動物を追い出し頭数を数える。動物を見つける観察能力、地図中のどこで動物を見たかがわかる読図能力、さらに藪山を踏破できる体力のすべてが必要となる。分担区画に道があるわけではない。運悪く歩けないような崖地にあたれば危険を回避し、もとのルートにもどらなくてはいけない。初めて入山する場所であっても、すぐに調査できなくてはいけない。

そのほかにも、ルート上の糞塊数をカウントするなどさまざまな密度調査法がある。もちろん、定点観察法も多くの時間と調査に適した場所を必要とするが、生息状況の把握には有効な方法といえる。いずれにせよ、哺乳類の野外調査に楽で安全な方法はない。

定点観察による生息状況の把握

長く定点調査を行ってきたので、調査地内での個体数の増減はある程度把握できた。個体数が減れば、目撃できる頭数も減るはずである。そこで、鈴鹿山地北部の霊仙山と南部にある綿向山の２ヶ所の調査地での調査１回で目撃できた頭数の年変化から、その増減を考えてみたい。

霊仙山調査地での目撃個体数の増減

年ごとに多少ばらつきがあるものの、霊仙山での年間調査回数は70回前後、１回あたりの調査時間は約４時間であった。定点観察だけではなく、ときに調査地内の踏査も行い何頭のカモシカがいるかを調べた。

調査１回あたり目撃されたカモシカの目撃頭数は年々少しずつ減少していった。データを取り始めた１９８１年から１９８６年までは調査１回あたり１、２頭は目撃できていたが、１９８７年から１９９１年にかけては１頭見られるかどうかまで減少し、さらに１９９２年からはほとんど見られなくなってしまった（図90）。定点調査をやめた１９９４年以降も毎年１、２回は霊仙山の定点や調査地内を歩いている。しかし、カモシカの姿はもちろんのこと、顕著な痕跡も見ていない。「チャコ」たちがいなくなってかなりの年数が経つが、今でも空き家の状態が続いているようだ。

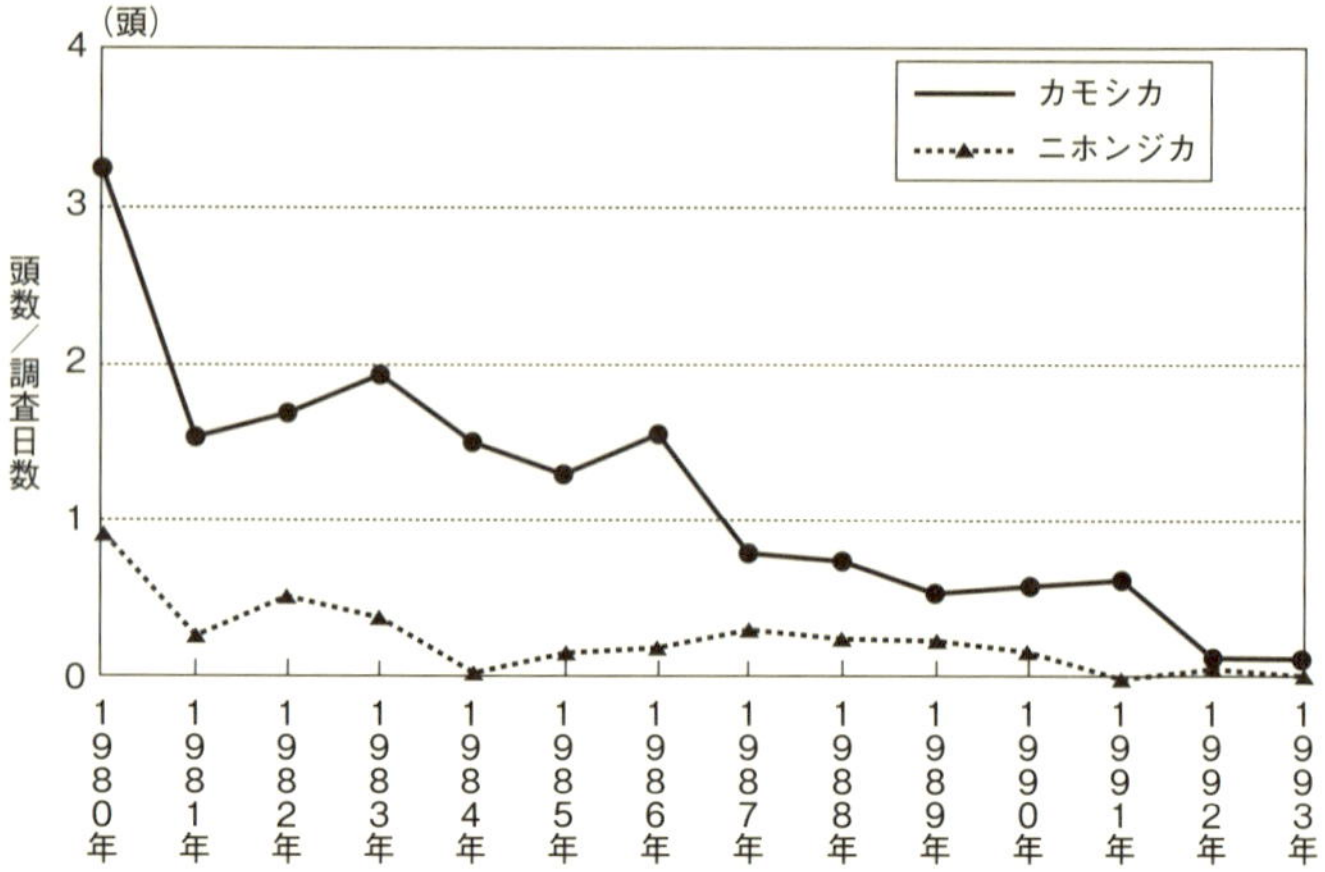

図90　霊仙山調査地におけるカモシカとニホンジカの目撃率の変化

カモシカの増減を語るとき話題になるのは、同じ場所に生息するニホンジカの生息状況である。霊仙山での定点観察中にもニホンジカを見ることができたが、まれなことであった。カモシカの減少時には、まだニホンジカはあまり見られず、一般にいわれているニホンジカがカモシカを追い出すような状況にはなかった。もっとも現在は、ニホンジカの頭数はずいぶん増えてきており、調査当時とはかなり違ってきている。ニホンジカの糞や足跡の多さ、採食跡や造林木への樹皮はぎ跡の多さは目に余るものがある。

カモシカの頭骨をまれに見つけたものの、いちどきに多数の死亡が確認されたわけでもない。調査地に隣接する岐阜県養老郡上石津町《かみいしづ》（現、大垣市）で1986年（昭和61）から毎年10頭ほどの個体数調整が続いているが、減少はそれ以前から始まっている。

霊仙山の調査地に限れば、カモシカが見られなくなった直接の原因はチャコとダンナのつがいがいなくなったことによる。そのほかにも、調査地内で林木が

図91　しっかり育った霊仙山調査地の造林木

成長し下層の食物となる植物が減少したことも原因の一つと思われる。

カモシカが見られなくなったことから、霊仙山での調査はとりあえず終了とした。この間、調査地内の動物も植物、特に造林木も大きく変化した。大型植食獣による造林木被害は激害となるとまったく林木が育たず、林地の一部が草地になってしまうことがある。調査を始めた頃は植付けられたばかりの造林木がうまく育つか心配したが、今ではずいぶん大きく成長した（図91）。チャコたちの摂食による目に見える被害はなかったことは幸いであった。

綿向山調査地での目撃個体数の増減

１９９２年（平成４）からは、鈴鹿山地南部の綿向山東面の標高６００〜８００m付近、約16haの造林地でも定点観察を継続中である。調査は18年目に入った。調査方法は、霊仙山と同様に、定点観察法と調査地内の踏査調査である。綿向山での年間調査回数は毎年45回ほど、１

回あたりの調査時間は約3時間であった（詳しくは第3章を参照されたい）。

観察当初の1992年や1993年には少なくともカモシカを1頭は目撃できる状況にあった。ところが、その後急速に目撃数が減少していき、霊仙山に遅れること5年、1996年（平成8）からはほとんどカモシカが見られない状況となった（図92）。実はそれ以前の1989年から1990年に、カモシカ問題を考えるボランティアグループ「かもしかの会関西」がほぼ同じ場所でいくつも定点を設置して目撃により生息個体数を調査している（かもしかの会関西 1996）。その結果、調査1回あたり平均3頭強、最多で7頭が目撃されている。入れ替わり立ち替わりカモシカが次々に現われた状況からわずか7、8年で、ここでもカモシカが見られなくなるほどに減少してしまった。この結果は、ほぼ同じ範囲を別の方法である区画法で調査している「カモシカ保護地域特別調査報告書」でも同様である。1981年に4・7頭／1km²、1990年に6・

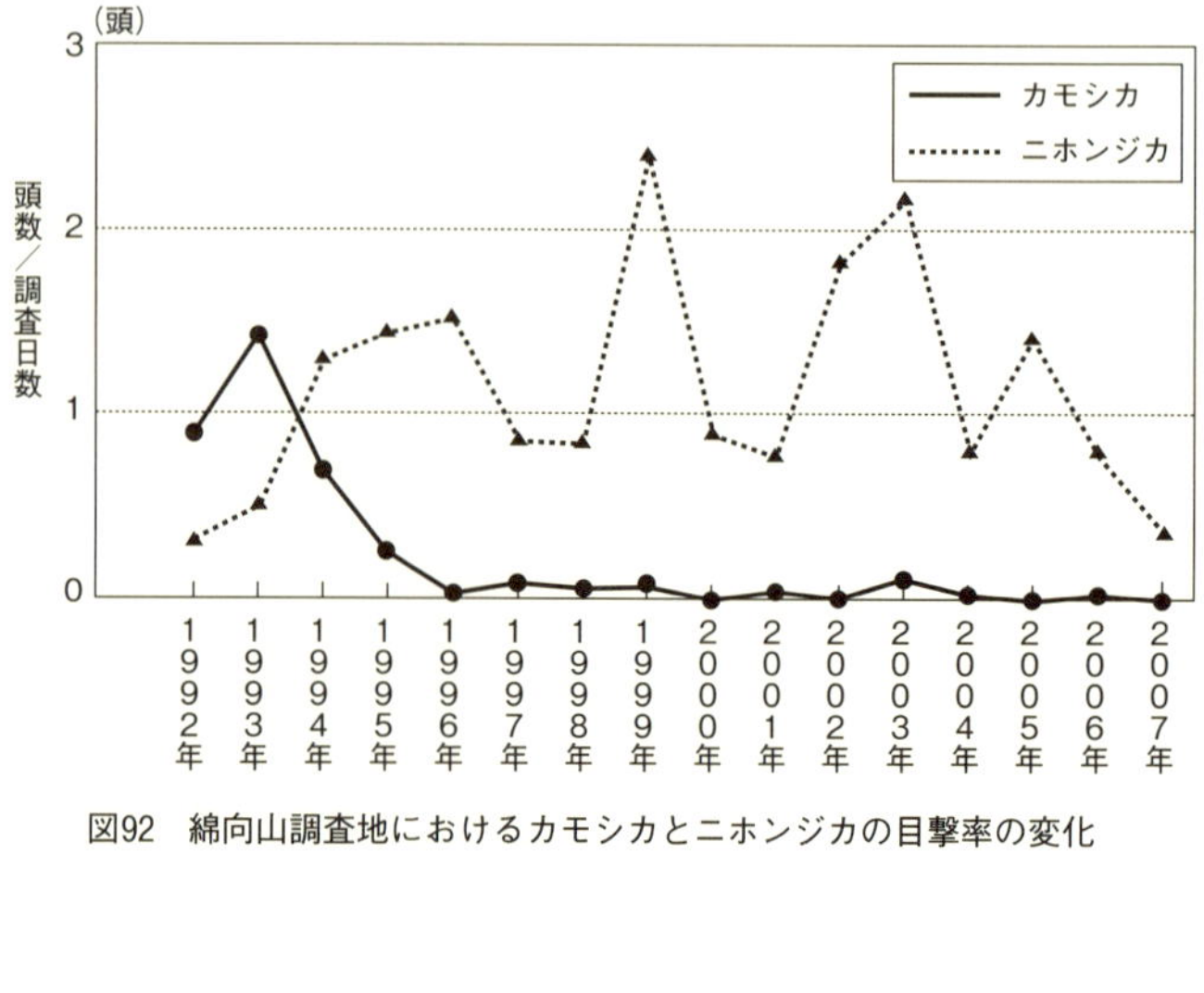

図92　綿向山調査地におけるカモシカとニホンジカの目撃率の変化

9頭／1㎢となったが、1998年には0・8頭／1㎢まで減少した（三重県教育委員会・滋賀県教育委員会 2008）。ただし、最近の2007年の調査では、3・6頭／1㎢まで持ち直した。過去の数値が高く、普通の状況に戻っただけかもしれないが、減少傾向であることは間違いないようだ。

綿向山の調査地ではカモシカの減少について、さまざまな原因が考えられた。まず、狭い地域にもかかわらず連続して1992年と1993年に1頭ずつ、さらに1994年に3頭と死因不明の死体の発見が相次いだことである。調査地周辺で、子カモシカを1回しか目撃していないことも一因と思われる。死亡個体が多く、幼齢個体がほとんどいなければ目撃数は減ることになる。ときどき様子見のカモシカが現われることもあったが、他の場所から移入してくる個体も今のところないようだ。

もう一つ考えられる原因に、ニホンジカの急増があげられる。特に、1993年か1995年にかけての変化はそのように見える。この時期、カモシカの目撃数は減少していき、ニホンジカは増加している。それぞれの目撃された位置とその後の行動軌跡を比較してみても、その変化は明らかだ（図93）（名和・高柳 1996）。

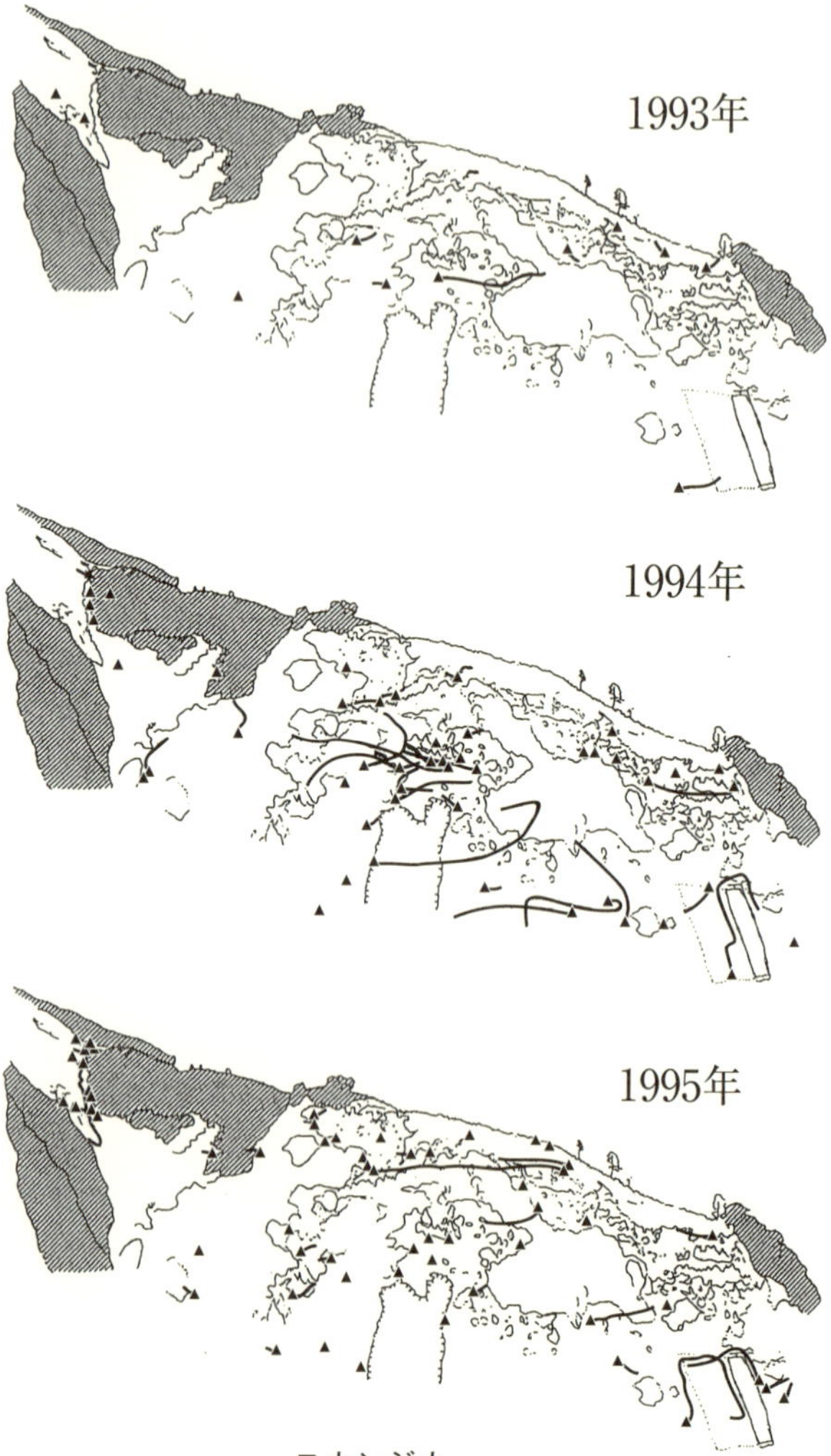

ニホンジカ

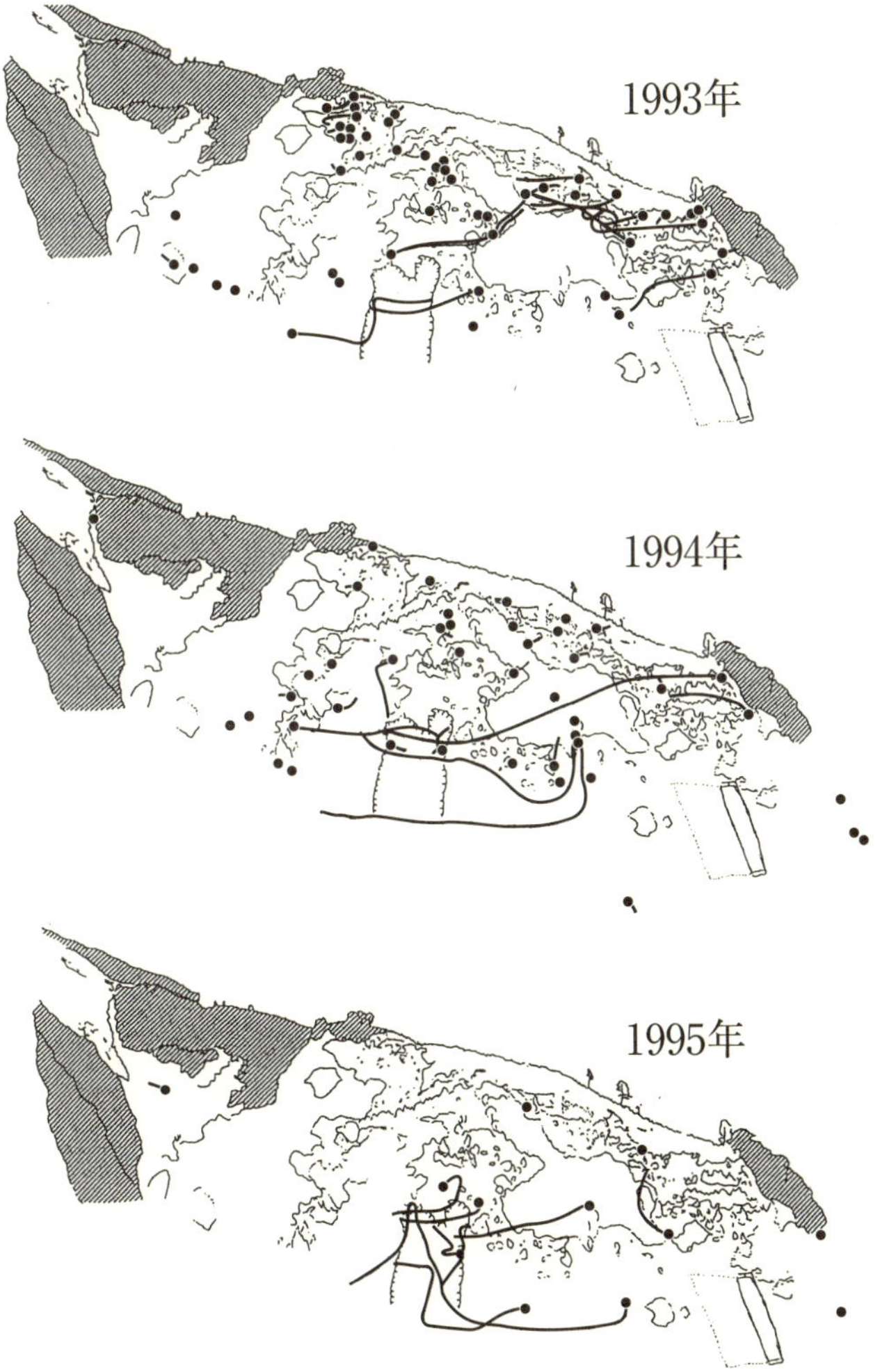

カモシカ

図93　カモシカとニホンジカの行動軌跡の変化（綿向山調査地）

3. カモシカとニホンジカの関係

干渉と不干渉

近年、カモシカとニホンジカが同じところに生息している各地で、カモシカが減少しニホンジカが増加するという現象が起きている。鈴鹿山地も例外ではない。その原因として、ニホンジカがカモシカを追い払っているのではといわれている。ニホンジカはカモシカに比べ体が大きく、複数頭の群れで行動する。ニホンジカの群れが、ほとんど単独でいるカモシカのところに押し寄せれば、カモシカはいなくなるというわけである。しかし、実際にはそう簡単には説明できない。

このように、ある種が別の種に影響を与えるかどうかを以下「干渉」「不干渉」という用語で示すことにする。ただし、ここでは、両種が接近遭遇した場合、明らかに遭遇相手が原因で行動をすぐに変えさせた場合を「干渉」とした。時間軸を長く空間を広くとった場合にも、干渉・不干渉は用いることができるはずだが、本調査ではそこまでの追究はなされて

図94　カモシカ（左）ニホンジカ（右）とが接近遭遇する

表4　カモシカとニホンジカ間の相互作用

（数値は例数）

個体間距離	鈴鹿山地（滋賀県）		足尾山地（栃木県）	
	不干渉	干渉	不干渉	干渉
20m以内	20	8	58	1
20～100m	34	1	123	0
計	54	9	181	1

20m以内での小計	
不干渉	干渉
78例	9例
（89.7%）	（10.3%）

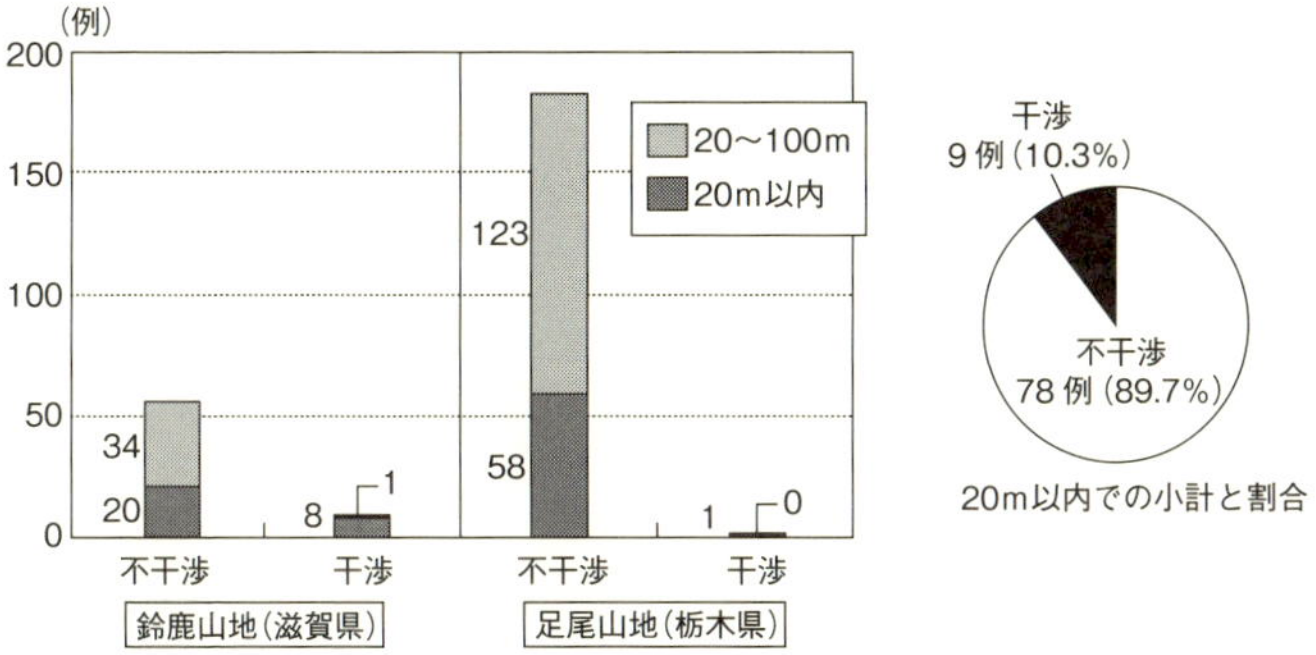

図95　カモシカとニホンジカの相互作用

いない。

鈴鹿山地の霊仙山、綿向山ともにあまりよい条件の調査地とはいえないが、カモシカとニホンジカが混棲しており両種を同じ場所で観察できる点ではほかのカモシカの調査地より恵まれている。まれに、両種を同時に近い距離で目撃することがある。こんな時は、千載一遇のチャンスだ。両種が互いの行動を干渉するかどうか、息を呑んで見つめることになる（図94）。

しかし、両者が20m以内に接近した87例に限っても、相手の行動を大きく変えるような干渉は9例と少なかった。互いに視認可能な100m以内に範囲を拡げても10例しかなかった。鈴鹿山地とは遠く離れてはいるが、やはり両種が混棲する栃木県の足尾山地ではニホンジカが多くカモシカに慣れがあるのか、見通しがよく互いが認識しやすいのか、かえって干渉は1例とほとんど見られなかった（表4、図95）。

干渉10例の内容は、雌ジカを追って走ってきた雄ジカに驚き逃げるなどしてカモシカがその場から移動した場合が7例、カモシカがシカを攻撃したことが2例、カモシカ、ニホンジカの双方が威嚇しあい頭で押したことが1例であった。

個体識別できたカモシカで見ると、干渉されたあともほぼ同じ場所に戻ってきており、干渉の影響はみられなかった。

カモシカとニホンジカが接近遭遇した場合、互いに直接干渉しあうかどうかと問われれば「不干渉である場合が多い」、というのが今のところの結論である。

干渉の観察例

重要な観察例と思われるので、カモシカとニホンジカが20m以内で互いの行動を干渉した目撃例9例を示しておきたい。内訳は、20m以内に両種が接近遭遇した87例中、霊仙山調査地で8例、栃木県足尾町（現、日光市）で1例であった。綿向山の白倉谷調査地では、すべて不干渉で干渉は見られなかった。百聞は一見にしかず。観察記録をそのまま読んでもらったほうが、両種の関係がわかりやすいと思う。

干渉例①

［日時］1979年12月31日　7時33分　［場所］霊仙山調査地
［観察］カモシカ1頭（成獣雄）が立位休息していたところに、ニホンジカ1頭（成獣

雄、４尖角）が走り込んできた。カモシカもこれに驚くように走りだした。ニホンジカがいったん立ち止まるのに合わせるように、カモシカも立ち止まる。その後すぐ再びニホンジカ走り出す。カモシカもほぼ同時に走り逃げる。カモシカもニホンジカも同方向に走った。両種の最短距離は20ｍ以内で互いに視認可能であった。

［補足］ニホンジカが走った理由は不明であるが、おそらくヒトやほかの動物に驚き逃げたものと思われた。ニホンジカがカモシカの行動を変えたので干渉例としたが、ニホンジカがカモシカを意図して追ったとは思われなかった。偶然の出来事から、いわば玉突き状態でカモシカも走ったと思われた。

干渉例②

［日時］１９８２年１月17日　14時20分～14時24分　［場所］霊仙山調査地

［観察］カモシカ１頭（成獣雄）が立位休息していた所に、ニホンジカ３頭が成獣雌、若獣雌、成獣雄（４尖角）の順で走り込んでくる。カモシカ成獣近く10ｍ以内を走り抜けられ、カモシカは「フィーフィー」警戒声を出しながら走り逃げる。ニホンジカ群はさらに２００ｍ離れた場所にいたカモシカ２頭（母子群）近くを走る。母子群は速歩で上に待避し、立位警戒する。その後、母子群はその場で採食し始める。

［補足］発情したニホンジカ成獣雄が雌を追って走り込んだものと思われた。カモシカとニホンジカは互いに視認可能な距離にいた。干渉例①とほぼ同じく、ニホンジカがカモシカを意図的に追った観察例ではないと思われた。

干渉例③

［日時］　１９８２年３月14日　８時10分～８時25分　［場所］　霊仙山調査地

［観察］　ニホンジカ３頭（4尖、4尖、3尖）からなる雄群がカモシカ１頭（成獣）のすぐ上５mに出てくる。カモシカ驚いたように10m走り逃げる。ニホンジカもこれに驚き、数歩飛び退く。その後、カモシカはその場で排尿し採食し始める。

［補足］　次の干渉例④と同じカモシカで、１日に２度干渉された。

干渉例④

［日時］　１９８２年３月14日　９時12分～９時31分　［場所］　霊仙山調査地

［観察］　ニホンジカ４頭（4尖、4尖、4尖、3尖）からなる雄群がカモシカ１頭（成獣）のそば10mに出てくる。ニホンジカが５mに近づいたときカモシカ逃げ走る。ニホンジカもどちらに逃げようか迷ったのち、移動し見えなくなる。

［補足］　カモシカとシカ群が10m以内に居続けたが、カモシカは終始警戒をしていた。ニホンジカも移動が速く何か別のものに警戒していたようだ。

干渉例⑤

［日時］　１９８３年７月５日　14時36分～14時54分　［場所］　霊仙山調査地

［観察］　カモシカ２頭（母子群）にニホンジカ２頭（これも母子群）が３mほどの間隔をあけて目撃された。のち、ともに採食しつつ接近する。ニホンジカ（母）がカモシカ（母）を追う。カモシカ５mほど飛び退く。３分後、今度はカモシカ（母）がニホ

カモシカ（母）を頭で押し、追い払う。ニホンジカは移動し見えなくなる。カモシカ母子はその場で座位休息する。

［補足］カモシカとニホンジカの双方が互いを認識して攻撃した唯一の観察例である。母子どうしであるところが共通している。カモシカにせよ、ニホンジカにせよ生まれて間もない子を守るためには攻撃することもあるということか。

干渉例⑥

［日時］１９８３年９月15日　12時58分～15時55分　［場所］霊仙山調査地

［観察］カモシカ１頭（若獣）の下にニホンジカ１頭（若獣雌）が現れる。カモシカがニホンジカの近く５ｍに近づく。ニホンジカが下に逃げる。のちにニホンジカ戻り、カモシカの横５ｍで採食歩行、やがて見えなくなる。カモシカも採食歩行しつつ見えなくなる。

［補足］一度は、カモシカがニホンジカを追い払ったが、ニホンジカが元に戻り、その後は互いに不干渉であった。

干渉例⑦

［日時］１９８５年11月16日　16時37分～16時39分　［場所］霊仙山調査地

［観察］カモシカ１頭（成獣雄）の横にニホンジカ１頭（成獣雄、４尖）が現れる。カモシカがニホンジカの横５ｍを逃げ走る。その後、ニホンジカも移動し見えなくなる。

［補足］互いに視認可能であった。ニホンジカが追ったわけではないが、カモシカは

その場から逃げた。

干渉例⑧

［日時］１９８６年1月1日　９時22分〜９時42分　［場所］霊仙山調査地

［観察］カモシカ1頭（成獣雄）の下方からニホンジカ３頭（いずれも成獣雄４尖）が歩いて近づいてくる。カモシカは警戒声を出しながら走って上へ逃げる。

［補足］明らかにカモシカは、ニホンジカが近づくのを見て逃げた。

干渉例⑨

［日時］１９８６年12月30日　８時51分〜９時１分　［場所］栃木県足尾調査地

［観察］カモシカ1頭（成獣）がニホンジカ２頭（母子）に近づき５ｍに迫った時、カモシカがニホンジカを追い、ニホンジカ５ｍ逃げる。さらに２回カモシカがニホンジカを追い、ニホンジカ飛び退く。別のカモシカ１頭（成獣）が近づくのを見て、ニホンジカは移動し見えなくなる。残ったカモシカは、採食歩行に戻る。

［補足］足尾町でのカモシカ—ニホンジカの20ｍ以内への接近遭遇例１８２例のうち、干渉例はこの1例のみである。カモシカがほとんど一方的にニホンジカを追い払った。ただし、体の接触はなかった。

鈴鹿山地での不干渉の観察例

両種が20ｍ以内に接近遭遇した場合、互いの行動に不干渉であった観察例は78例と干渉例より圧倒的に多かった。参考までにイノシシを含めた不干渉例も示した。そのすべてを記すことはできないが、各調査地での典型的な観察例をいくつか示しておきたい。

不干渉例①

[日時]　１９７９年８月29日　７時１分～７時34分　[場所]　霊仙山調査地

[観察]　カモシカ１頭（成獣）が、ニホンジカ２頭（雌群）の横20ｍで採食する。ときどきニホンジカの方を見る。カモシカの方から５ｍまで近づく。カモシカ、ニホンジカともに立位採食かわらず。

[補足]　初めての不干渉の観察例である。こういうこともあるのかと見続けた記憶がある。

不干渉例②

[日時]　１９８２年12月19日　10時３分～10時４分　[場所]　霊仙山調査地

[観察]　カモシカ２頭（母子）が立位採食している５ｍ横をニホンジカ２頭（雌群）が通り過ぎる。何事も起こらない。

不干渉例③

[日時]　１９８５年３月10日　11時53分～15時30分　[場所]　霊仙山調査地

[観察]　カモシカ１頭（成獣）が立位採食している横15ｍにニホンジカ２頭（雌群）が現れる。カモシカ座位休息に移る。ニホンジカはカモシカがいるのを確認し、少し進むのを躊躇《ちゅうちょ》する。ニホンジカがカモシカまで10ｍの距離に近づく。カモシカは

ニホンジカの方を時々見るものの、座位休息し、のち頭を下げて寝てしまう。ニホンジカもその場で、座位休息に入る。そのまま、15時10分まで両種とも10ｍ以内で座位休息し続ける。その後、採食歩行し見えなくなる。

［補足］両種とも互いに意識しているものの干渉はしない。

不干渉例④

［日時］１９８７年７月12日　９時25分～10時22分　［場所］霊仙山調査地

［観察］座位休息しているカモシカ３頭（母子と成獣雄）の下方20ｍに、ニホンジカ２頭（母子群）採食しつつ現れる。ニホンジカは採食歩行しつつ、カモシカ群に10ｍまで近づくもカモシカ群は座位休息かわらず。のち、ニホンジカゆっくり遠ざかり見えなくなる。

［補足］両種とも意識はしている。

不干渉例⑤

［日時］１９８９年３月16日　９時20分～15時13分　［場所］霊仙山調査地

［観察］イノシシ３頭が座位休息している上方10ｍにニホンジカ２頭（母子）が採食歩行しつつ現れる。イノシシは逃げたようで見失う。ニホンジカはその場で座位休息しだす。13時45分カモシカ１頭（成獣雄）がニホンジカの方に近づいてくる。最短で10ｍまで近づくも、ニホンジカ座位休息のまま、カモシカもそのまま移動し通り過ぎる。

［補足］イノシシも生息するので、３種間の相互作用も観察できる場合がある。イノシシとほかの動物間で干渉例は見ることはなかった。

不干渉例⑥

［日時］１９８９年４月22日　17時30分～17時45分　［場所］霊仙山調査地

［観察］ニホンジカ１頭（成獣雌）が採食している横20ｍにカモシカ１頭（成獣雄）が現れる。互いに接近しだし最短で８ｍまで近づきのち、すれ違う。両種とも採食歩行を変えることはなかった。

不干渉例⑦

［日時］１９９３年６月12日　16時26分～16時37分　［場所］綿向山調査地

［観察］座位休息していたカモシカ１頭（成獣）の上方20ｍにニホンジカ１頭（成獣雄）が現れる。ニホンジカ10ｍまで近づくも、カモシカは座位休息のまま変わらず。

不干渉例⑧

［日時］１９９４年２月27日　12時45分～14時１分　［場所］綿向山調査地

［観察］カモシカ３群３頭（いずれも成獣）とニホンジカ２群７頭（雄群と雌群）が混棲している状況になる。両種が最短で10ｍ以内に接近するもすべての個体間で不干渉であった。綿向山調査地では、ときどきこのような複数のカモシカとニホンジカが入り交じった状況になったが、いずれも不干渉であった。

［補足］厳冬期、積雪深50㎝のなかでの観察例である。

不干渉例⑨

［日時］1994年4月9日　16時4分〜16時15分　［場所］綿向山調査地

［観察］採食しているニホンジカ1頭（成獣雄）の横10mにイノシシ1頭（成獣）現れる。両種とも立位採食しつつ歩行しすれ違う。

不干渉例⑩

［日時］1995年6月15日　9時9分〜12時15分　［場所］綿向山調査地

［観察］立位採食するカモシカ2頭（成獣）のそばに座位休息するニホンジカ1頭（成獣雄）を目撃する。のち両種間5m以内でともに立位採食する。

不干渉例⑪

［日時］1997年6月1日　12時22分〜12時24分　［場所］綿向山調査地

［観察］カモシカ1頭（成獣）とニホンジカ1頭（成獣雌）ともに10m以内で採食歩行し、すれ違う。

不干渉例⑫

［日時］1998年2月1日　12時31分〜13時8分　［場所］綿向山調査地

［観察］座位休息するニホンジカ1頭（成獣雄、4尖）の2m横をカモシカ1頭（成獣）がゆっくり採食移動する。ニホンジカはカモシカを見るもまったく無視する。カモシカも何事もないように移動する。

栃木県足尾調査地での不干渉の観察例

鈴鹿山地から遠く離れた足尾調査地でも不干渉の観察例がほとんどで、その内容に大きな違いはなかった。

不干渉例①

［日時］１９８６年４月３日　６時51分～６時55分　［場所］栃木県足尾調査地

［観察］カモシカ２頭（ともに成獣）立位採食、その下方５ｍでニホンジカ３頭（雌群）立位採食している。カモシカがちらりとニホンジカを見るも警戒せず。

［補足］当時は、カモシカもニホンジカも多く、このような複数頭との接近遭遇が頻繁に見られた。常にこの状況だからか、互いに緊張している様子はない。以下の観察例でも同様である。

不干渉例②

［日時］１９８６年７月26日　14時52分～15時33分　［場所］栃木県足尾調査地

［観察］カモシカ１頭（成獣）が立位採食している上方５ｍで、ニホンジカ１頭（若獣雄）採食歩行している。

不干渉例③

［日時］１９８７年12月29日　15時３分～15時12分　［場所］栃木県足尾調査地

［観察］カモシカ１頭（成獣）とニホンジカ１頭（成獣雌）が、いずれも採食歩行しつ

つすれ違う。最短で5m以内に入った。

不干渉例④

［日時］1988年3月27日　9時1分～9時30分　［場所］栃木県足尾調査地

［観察］カモシカ1頭（成獣）が立位採食している5m横を、ニホンジカ2頭（成獣雌群）が同じく採食しつつ通り過ぎる。カモシカの目前を通るが、カモシカ採食を続ける。

不干渉例⑤

［日時］1989年12月28日　9時31分～10時3分　［場所］栃木県足尾調査地

［観察］大きな岩をはさんで、カモシカ1頭（成獣）とニホンジカ2頭（母子群）が立位採食していた。やがて、カモシカはその場に座位休息する。

［補足］互いを無視しているように見える。

不干渉例⑥

［日時］1990年3月25日　8時15分～9時52分　［場所］栃木県足尾調査地

［観察］カモシカ1頭（成獣）が立位採食しているところに、ニホンジカ8頭の群れが普通に通り過ぎる。最短で3m以内に集まったが、互いに不干渉だった。

不干渉例⑦

［日時］1991年7月30日　18時49分～18時59分　［場所］栃木県足尾調査地

［観察］カモシカ1頭（成獣）とニホンジカ2頭（母子）が5m以内で立位採食、ニホ

ンジカもカモシカも互いにまったく警戒せず。最終的には3m以内で採食していた。

不干渉例⑧

［日時］1992年4月4日　10時30分〜12時41分　［場所］栃木県足尾調査地

［観察］シカ3頭（成獣雌）が立位採食や座位休息しているなかに、カモシカ1頭（成獣）が同様に立位採食や座位休息を繰り返す。ニホンジカがカモシカを見たりするものの、不干渉。両種間の距離は最短で4mであった。

カモシカの気持ち

ほとんどの場合、カモシカもニホンジカも相手を無視するようにたたずんでいる。しかし、お互いに見ていないようで、実は相手に注意をはらっている。野生の動物に気づかれずこっそり見ているつもりでも、いつの間にか逃げられたという経験を持つ方も多いのではないだろうか。相手をじっと注視することはないが、注意はしているというわけである。

鈴鹿山地では、しびれを切らして反応しはじめるのはカモシカである。表情は変わらないが、まわりの枝葉や幹に擦り込みや、角こすりを始める。鼻の穴も大きく開いてくる。一連の行動からは、カモシカが緊張している様子が見える。それに対し、ニホンジカはいつまでも見て見ぬふりを決めこむ。とくに、発情期のなわばりをもつニホンジカの雄は優位に見えた。そして、一線を越えて互いの距離が狭まると、カモシカの方から遠ざかっていく。傍観者としてはここで戦いに入るのではと予想するが、そうはならない。

カモシカは人間が接近しても逃げずに、じっとしていることがある。この場合、カモシカは人を恐れないのんびりした性格だとか、好奇心旺盛な動物だと解釈されることがある。しかし、カモシカにしてみれば自分のなわばりにこれ以上入ってほしくないとの緊張のなかで、逃げたい気持ちと立ち向かいたい気持ちが葛藤し立ちすくんでいるのが本当のところではないだろうか。とりあえず、相手の動きを見逃さないようにじっと見ることが、防衛の第一歩ということもある。やがて、人間が一線を越えて近づくと逃げざるをえない。表情の変わらないカモシカの心の底を知ることはきわめて困難だ。ことに、のんびりとしたその顔つきは、われわれに誤解をあたえる一因となっているのかもしれない。

カモシカは同性や子別れ後の子供には激しい攻撃をしかける。しかし、自分より大きな異種の動物には攻撃する前に自ら手を、いや肢を引いてしまうようだ。なわばりに侵入したほかのカモシカに対する激しい攻撃に比べ、自分のなわばりに押し寄せて我が物顔にふるまうニホンジカのような侵入者をなかなか追い返すことができない。ニホンジカのようにおもに集団で生活する動物と、単独で生活するカモシカの性格の違いだろうか。まさにカモシカの「居たたまれない」気持ち、わからないではない。心理戦のような、いわば間接的な干渉は、起きているかもしれない。

追い出し

それでは干渉の結果、追い出されたカモシカはどこに行くのだろうか。個体識別した個体では、直接の干渉後も少し経てば同じ場所に戻ってきており、そのまま姿を消すことはなかった。とりあえず、少し移動して、その場を回避しているようだ。

しかし、ニホンジカの個体数が多くなると話は違ってくるかもしれない。白倉谷で観察されたように、多勢に無勢、カモシカが姿を消す可能性が出てくる。ニホンジカも一定の場所に棲み続ける定住性があることが知られている。攻撃など互いの行動を変えるような直接的な干渉はないといえるが、じわじわと押し寄せるプレッシャーのような間接的な干渉が、カモシカの生息域を変えた可能性は否定できない。

最近、いままで見られなかった人家近くにカモシカが現われたと聞くことがある。個体数の増加とともに、このような圧力で押し出された可能性がある。ニホンジカは里山から奥山まで県内のすみずみまで生息している。ニホンジカが冬の積雪期に季節移動し空白の地域ができるものの県内ではまれで、湖北の一部であるに過ぎない。これでは、カモシカは山奥にも里山にも棲めなくなることになる。滋賀県では追い出されても、あらたに棲めるような生息地の余裕がないのが現状だろう。

相互作用

異なる種の間でのお互いへの働きあいを相互作用という。ここまで、カモシカとニホンジカの増減を相互作用から見てきた。しかし、それ以外の要因、たとえば種内競争などに原因がある可能性もある。感染症などによりカモシカの数が減少し、増加したニホンジカがその穴を埋めているのかもしれない。両種の増加率やその周期性が異なり、その差が顕著に現れたのかもしれない。その点でも最近のカモシカの減少傾向は、大変気になる出来事といえる。

直接目撃しているにもかかわらず、行動からわかる相互作用の観察例はその一面を見ているにすぎない。少なくとも行動だけから両種間の相互作用を議論することはできない。時間的、空間的な生息状況や食物をふくんだ環境要因など詳細な検討が必要といえる。
ともあれ、次に県内のカモシカの分布現況を見てみたい。

4．滋賀県内のカモシカ分布

県内の個体群

動物は単独で生活することはできない。つがい相手や子など何らかの関連した同種の仲間が存在する。さらに広い地域に視野を広げると、分布が連続しひとかたまりのグループが見えてくる。このようなグループを個体群または地域個体群という。

県内のカモシカ分布は、野坂《のさか》山地・比良《ひら》山地・伊吹《いぶき》山地など湖北・湖西の山地（巻頭滋賀県地図参照）を中心に生息するグループと鈴鹿山地に生息するものの二つに大別される。ここでは、前者を伊吹・比良山地個体群、後者を鈴鹿山地個体群と呼ぶことにしよう。伊吹・比良山地個体群は、東は白山山系や岐阜県と、西は京都府におよぶ大きな個体群である。一部で狭い部分もあるものの、比較的長い回廊《かいろう》状の分布域を持っている。それに対し、鈴鹿山地個体群は周囲を高速道路、鉄道網などに囲まれ、孤立した小さな個体群といえる。

1979年（昭和54）に環境庁（当時）、文化庁および林野庁は三庁合意により、カモシカを種指

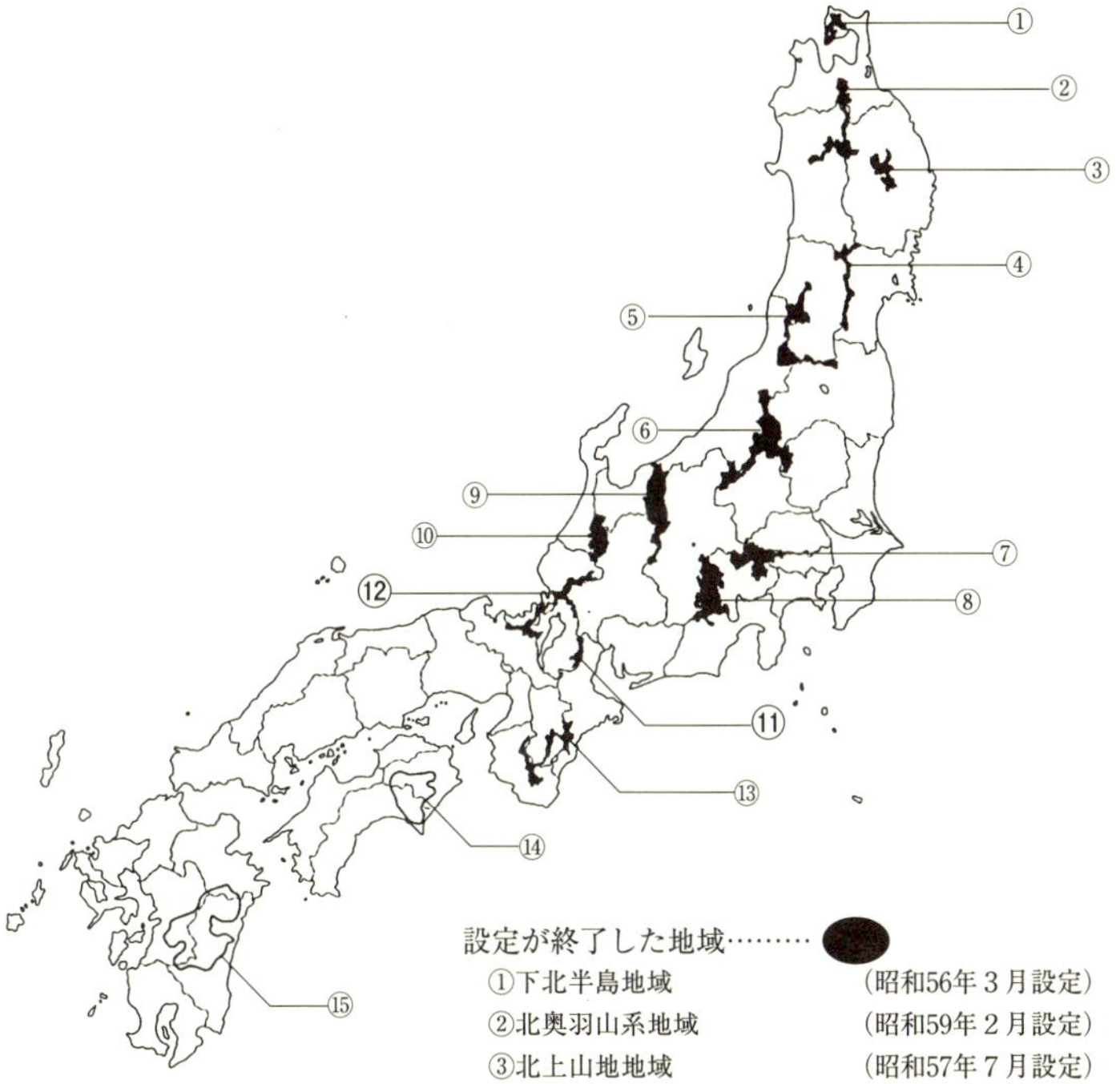

設定が終了した地域………●
①下北半島地域　(昭和56年3月設定)
②北奥羽山系地域　(昭和59年2月設定)
③北上山地地域　(昭和57年7月設定)
④南奥羽山系地域　(昭和59年11月設定)
⑤朝日・飯豊山系地域　(昭和60年3月設定)
⑥越後・日光・三国山系地域　(昭和59年5月設定)
⑦関東山地地域　(昭和59年11月設定)
⑧南アルプス地域　(昭和55年2月設定)
⑨北アルプス地域　(昭和54年11月設定)
⑩白山地域　(昭和57年9月設定)
⑪鈴鹿山地地域　(昭和58年3月設定)
⑫伊吹・比良山地地域　(昭和61年7月設定)
⑬紀伊山地地域　(平成元年7月設定)
現在準備中の地域………○
⑭四国山地地域
⑮九州山地地域

図96　カモシカ保護地域（三重県教育委員会・滋賀県教育委員会 2008 に一部加筆）

定ではなく地域指定で保護管理することに基本政策を転換した（三庁合意については、後で述べたい）（図96）。そのため、全国で15ヶ所のカモシカ保護地域設定が設定または設定予定である。そのうちの二つは県内の個体群とほぼ同じになっている。もちろん、生息域の全域が指定されたわけではない。伊吹・比良山地カモシカ保護地域にせよ、鈴鹿山地カモシカ保護地域にせよ、そのほとんどは稜線上を細長くつなぐもので、きわめて幅の狭い箇所や分断された箇所も見られる（三重県教育委員会・滋賀県教育委員会 2008）。

鈴鹿山地個体群

鈴鹿山地個体群の北はJR東海道線、新幹線、名神高速道路、国道21号などにより伊吹山地とほぼ寸断されている（図97）。この北端に霊仙山はある。南は国道1号、25号、JR関西線などにより寸断されており、三重県亀山市の明星《みょうじょう》ヶ岳付近が南端といわれている。東西では、生息可能な場所の幅は10km程度しかない。かつて、鈴鹿山地個体群は、北で伊吹・比良山地個体群と、南で紀伊山地個体群と連続していたのだろう。しかし、現在の分布は、それぞれが寸断されており連続してはいない。

広い範囲で他の個体群と交流ができれば、遺伝子の多様性が保てる。逆に、遺伝子の多様性が見られないのであれば、その個体群は孤立しており、将来の存続が危ぶまれる。この点で、鈴鹿山地個体群は、危険な状態に近い個体群だと指摘されてきた。三重県教育委員会・滋賀県教育委員会から2000年に出された『鈴鹿山地カモシカ保護地域特別調査報告書』では、この遺伝子の多様性に関して重要な指摘がなされている。最近は、われわれの先祖からの履歴書ともいえる遺伝子ＤＮＡ（デオキシリボ核酸）を比較検討できるようになった。その結果、鈴鹿山地産のカモシカのＤＮＡは紀伊山地産のものと同じ特徴をもっていることがわかった。一方、比良山地産では紀伊半島型と本州・九州主流型の両方が確認されたという。つまり、鈴鹿山地産は紀伊山地産とつながりがあるが、遺伝子の多様性が見られない。鈴鹿山地個体群は遺伝子からみても、ほかの地域から孤立している可能性が高いことが示唆された。遺伝的多様性の喪失は、小さな個体群にとって絶滅につながる前兆かもしれない。鈴鹿山地個体群のような陸の孤島ともいえる小さな地域の個体群の保護管理は、特に注意を必要とすることを示している。今日の高速道路や鉄道など、交通網の発展にはめざましいものがある。われわ

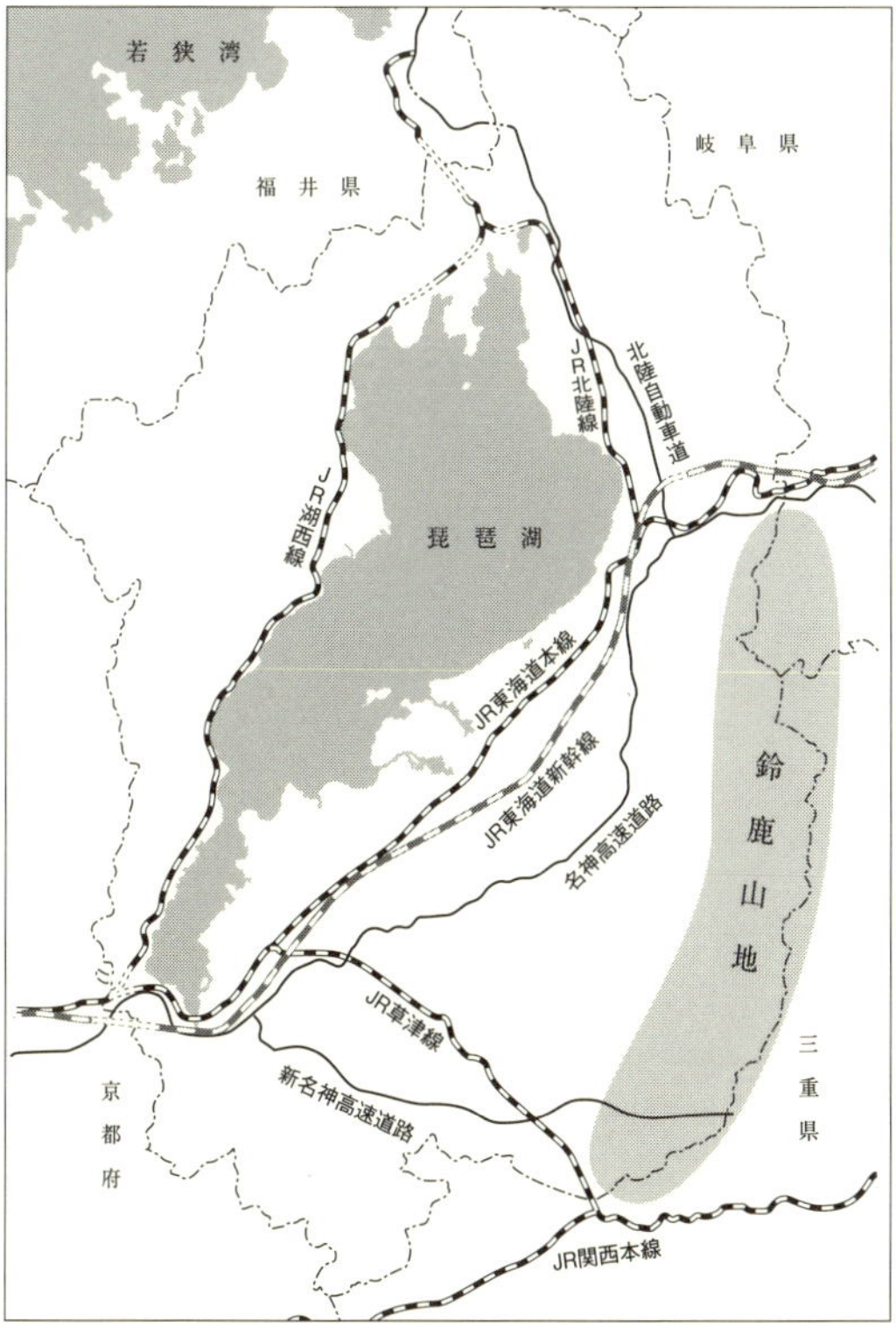

図97　交通網による寸断

れ人間の生活にとって便利な交通網も、動物から見れば移動をさまたげられる障壁の一つだ。個体群といえども、まとまって分布が連続することは難しい。人間が野生動物の移動路を確保し、個体群を孤立させないように工夫する必要があるといえる。

比良山地産はそれに比べ、ほかの地域との交流がある可能性が指摘された。しかし、こちらでも将来、個体群の分断化の可能性は否定できない。

試料数が少なく今後の調査を待たないといけないが、分布域の一部に空白ができないか、伝染性の病気にかかった個体が増えないかなど、それぞれの個体群の動向には十分な注意をはらう必要がある。

最近、『平成18・19年度鈴鹿山地カモシカ保護地域第4回特別調査報告書』（三重県教育委員会・滋賀県教育委員会 2008）が刊行された。特別調査とは、「カモシカ保護地域におけるカモシカ個体群の安定的な維持を目的とした保護管理の実施において必要となる基礎調査のひとつ」である。1986年（昭和61年）から5～10年おきに実施された調査は、保護区全域をカバーしているわけではないが、貴重なデータを収集しており大変参考になる。これによると「区画法における推定生息密度の平均が0・8頭／㎢と過去最低を記録し、かつ、生息分布範囲も大きく縮小していることから、鈴鹿山地カモシカ個体群の絶滅するおそれが高まった」とある（三重県教育委員会・滋賀県教育委員会 2008）。そうならないためにも、行政による特別調査のような定期的な調査は不可欠といえる。

図98　名古屋市

５．名古屋市内のカモシカ

名古屋市内にもカモシカがいる

名古屋市守山区の東谷山《とうごくさん》にカモシカがいる。市内に住んですでに半世紀を超えた私にとって、驚くべきことだった。

　ここまでは、おもに山地帯に生息するカモシカの話をしてきた。それに対し特異な例かもしれないが、最近のカモシカ分布を考える上で避けて通れない事柄を含むので概況を報告しておきたい。

名古屋市の概要

　名古屋市は濃尾平野の中央の低地に位置し、東西、南北におよそ18㎞四方、３２７㎢の面積を有する（図98）。西側市境には庄内川が流れ、東側は少し台地状に高くなっている。南は伊勢湾に接し市域全体でも海抜は０ｍ～１００ｍ程度の低地が広がっている。カモシカが生息する市の北東部に位置する東谷山の山頂が市の最高点だが、標高は１９８ｍしかない

図99　東谷山（周辺は市街地化している）

図100　JR名古屋駅前（東谷山より高い）

（図99）。ＪＲ名古屋駅前の高層ビル群はビルだけでも２５０ｍ近い高さだ（図100）。こちらの方が50ｍも高いことになる。

人口は２２０万人を超える政令指定都市である。合併や吸収を繰り返し、現在は16の区に分けられている。名古屋が本格的に都市化したのは、関ヶ原の戦いののち１６１０年（慶長15）ごろで、徳川家康が陸路や海路の要所として名古屋城を築城し、織田家ゆかりの清洲《きよす》から住民を町ぐるみ移転させたことに始まるといわれている（名古屋市　１９５９）。名古屋市は２０１０年に開府４００年を迎える。京都や奈良などの古都にくらべればはるかに新しい町といえる。まわりの自然も、近世に入ってようやく人との関わりが増えてきた地域といえるだろう。

近世の名古屋の哺乳類

近世、江戸時代の尾張の哺乳類の記録は、いくつかの資料に見ることができる。全国的に有名なものに元禄のころ１６９１から１７１８年にかけて尾張藩の家臣であった朝日重章《あさひしげあき》が書きとめた日記「鸚鵡籠中記《おうむろうちゅうき》」がある（塚本　１９９５）。この日記には、生類憐れみの令を出した徳川綱吉の時代の庶民の記録が多数記録されている。その中にはキツネやタヌキはもちろんのこと、人的被害を出したオオカミ、熱田の海にあらわれた鯨《げい》類、ハクチョウなど珍しい動物の記録やイヌを食べていたことなど興味深い話が残されている。特に多いのは、現在は生息しないニホンジカやイノシシの狩りの記録である。

1693年（元禄6）2月10日には、守山区大森の東にある平子《ひらこ》（現、尾張旭市）で行われた鹿狩り見物をしている。百姓や足軽などの人海戦略で、イノシシ2頭、オオカミ1頭、キツネ3頭、ニホンジカ20頭ほどが槍で殺され捕らえられている。勢子《せこ》（狩猟で鳥獣を狩り出したり、逃げるのを防いだりする人夫）の間を抜けて多数の獣が逃げたとも書いてある。

1698年（元禄11）9月18日には、藩主が末森《すえもり》山（現、名古屋市千種《ちくさ》区）で狩りをし、ニホンジカ40頭を得ている。

1704年（元禄17）2月22日には、五女子《ごにょし》村尾頭《おとう》橋《ばし》（現、名古屋市中川区）付近に現れたニホンジカがたたき殺されている。

1709年（宝永6）12月7日には、藩主が菩提寺である建中寺《けんちゅうじ》（現、名古屋市東区）からの帰り、大イノシシが1頭現れたので帰路を変えて城にもどった。イノシシは町中の人々が槍などを持って追い回し、はなはだ騒がしかった。結局、足軽がこれを殺した。緑区鳴海《なるみ》方面から迷走してきたらしい。今も昔も、町なかに大型獣が出てくれれば大騒ぎとなったようだ。

1711年（宝永8）6月26日、朝鮮国使を歓迎するため、平子山《ひらこやま》（現、尾張旭市）で勢子2500人が獣を追い、崖から落としてニホンジカを16頭生け捕りにした。

ほかにも1665年（寛文5）ごろ編纂された津田房勝「正事記《せいじき》」などにも軍事演習さながらの

鹿狩りの記録がいくつも残っている（名古屋市教育委員会 1964）。当時の市中周辺の丘陵地には、ニホンジカやイノシシが多数、さらにオオカミまでが生息していたことがうかがわれる。千葉徳爾《とくじ》（1995）は、享保《きょうほう》年間（1716〜1735年）にニホンジカやイノシシが全国的に増加し、獣害を防ぐため長大な猪垣《ししがき》が構築され始めたことを指摘している。かつては、守山区にも猪垣があった。名古屋もそのような一例といえるのかもしれない。

しかし、カモシカが生息していた文献は確認できていない。例えば内藤東甫《ないとうとうほ》が1770〜1778年ごろに著した「張州雑志《ちょうしゅうざっし》」は多数の哺乳類の図譜も含んでいるが、そのなかにカモシカの図はない（愛知県郷土資料刊行会 1976）。壮大な鹿狩りでも獲物としてカモシカの名は出てこない。鸚鵡籠中記には、わずかに「食穢《しょくえ》」として「羚羊《かもしか》五日」とあるだけだ。これは尾張藩のお触れで、カモシカを食べたら5日間の穢《けが》れがあることを示している。この間は、神事や勤めをつつしむことになる。ちなみに鹿は70日、牛馬は150日とある。人の役に立つ動物ほど日数が多い傾向があるようで、尾張藩でもカモシカは食べられてはいたのかもしれないが、さほど注目もされていなかったようだ。これらのことは、狩猟対象としてニホンジカの方がよほど有用だったことと、そもそもカモシカが生息していなかったことを物語っているのであろう。

名古屋の哺乳類調査

それでは、現代の名古屋ではどうだろうか。調査は、名古屋市が編纂中であった『新修名古屋市史　資料編　自然』への原稿を2004年（平成16）に依頼されたことから始まった（名和・石黒 2

図101　自動カメラ撮影装置（著者自作）

008)。

県史や市史など既存の地域誌（または地域史）での哺乳類の記録は、現地調査をするものにとっては大変参考となる。しかし、そもそも哺乳類を項目として含まないものや、項目があったとしても、掲載されている写真が剥製や痕跡の写真であるなど、生息の根拠がいささか心許《もと》ないことが多い。

そこで調査は、おもに現地調査を中心に、あいまいな痕跡に頼るのではなく動物を直接確かめることを主眼においた。哺乳類の目撃が難しいことは十分わかってはいる。さらに大都市圏での調査だから何も確認できないかもしれない。人の目も気になる。いままで、定点観察など工夫をして動物を目撃する努力をしてきた。今回も何らかの工夫が必要となることは明らかであった。

そこで用いたのが、自動カメラ撮影装置である（図101）。この装置は、動物の発する体熱を感知してカメラのシャッターを切らせ、自動的に動物を撮影するものである。長年行ってきた定点観察は、調査者がその場に居続けなくてはならないが、人の代わりにカメラに代行してもらおうというわけだ。これも定点観察の一つといえる。ありがたいことに装置のノウハウを、ニホンザルの研究者である加藤満さんからお聞きし、自作改変した自動カメラが何台かあったのでこれを使うことにした。加藤さんの助言がなければ、この調査はできなかった。この場をかりてお礼申し上げたい。

地権者の許可を必要とすることはもちろんだが、人目につきにくい動物が通りそうな場所の選定には苦労した。自動カメラが動物の行動に影響を与えることを配慮するならば、できるだけ短期の設置で効率よく動物を撮影する必要があった。そこで場合により、カメラの前に誘因餌として少量のドッグフードを置いた。もちろんカメラ回収時には残っている餌も回収した。

フィルムと電池の交換のため1、2週間に一度は現地に入り、周辺の踏査調査を実施した。機械だけに頼るのではなく、自分の五感を駆使することは野外調査に不可欠だ。できるだけ現地に通うことにした。

結局、市内のほぼ全域90ヶ所近くに自動カメラを設置した。現代の哺乳類の分布調査は1㎢ほどの小さなメッシュ単位で実施されることが多い。しかし、地域誌は一般住民が理解しやすい地域割りや文章が求められる。名古屋市の場合は、機械的にメッシュ単位で調査するのではなく、16に分かれた区単位で調査することにした。さらに市街地化している大都市の場合、ピンポイントで調査地を決める必要があった。はたして思惑通《どお》りに調査できるのか、動物は見つかるのか。疑心暗鬼のなかで調査を進めたが、その結果は驚くべきものであった。

図102　東谷山のニホンザル（フィルムの巻き取りに失敗し一部露光してしまったが、貴重な写真となった）

図103　名古屋城内のタヌキ（つがいか）

現代の名古屋の哺乳類

はじめは、市内としては自然度の高い東谷山の山頂付近にカメラを設置した。そこで撮られたのが、ニホンザルであった（図102）。里山ならいざ知らず、名古屋市にサルが遊動してきているとは。さらに、タヌキ、ハクビシン、アライグマが、キツネやノウサギなども次々に撮影できた。大都市には哺乳類がいないどころか、少数ながらも多様な種が生息していた。「コロンブスの卵」のたとえ通《どお》りの調査となった。

いままでに調査されなかった多少とも樹木が残っている場所でも行うことにした。それはおもに社寺林であることが多いが、ほかにも名古屋城内などでも試みることにした。個人的な調査ではないこともあり、管理者の理解が得やすかったのも幸いであった。たとえば、名古屋城内でカメラの設置地点すべてでタヌキが撮影された（図103）。昼間、観光客でにぎわう金鯱の名古屋城も夜ともなれば、タヌキ天国となっているようだ。

これらの結果やいままで撮影され目撃された記録などを整

表5　名古屋市に出現したおもな哺乳類のリスト（名和・石黒 2008 改）

（凡例）●：過去 10 年内のデータ、○：それ以前のデータ

	千種区	東区	北区	西区	中村区	中区	昭和区	瑞穂区	熱田区	中川区	港区	南区	守山区	緑区	名東区	天白区
ニホンジネズミ													●	○	●	
ヒミズ	○												●			
コウベモグラ	●		○			●							○	○	○	
キクガシラコウモリ													●			
ニホンザル	○						○						●	●	●	
キツネ													●			
タヌキ	●		●	●	●	●	●	●	●	●	●	●	●	●	●	●
オオカミ													○			
（ノ）イヌ													●	●		
アライグマ	●	●	●				●	●					●	○	●	
テン													●			
イタチ	●			●						●			●	○		
アナグマ						○										
ハクビシン	●	●				●			●				●	●	●	
イノシシ				●									○			○
ニホンジカ	○												○		○	
ニホンカモシカ													●			
ニホンリス													●		○	
ムササビ													●			
ハタネズミ													○		○	
カヤネズミ				●							●		●	○	○	○
アカネズミ	●		●	●	●					●	●		●	●	●	●
ハツカネズミ	○		○	●		●							○	○	○	○
ヌートリア			●	●						●	●		●			
ニホンノウサギ													●	○	○	
アナウサギ										●						○
スナメリ									●		●					
イシイルカ											○					
シャチ									●		●					
マッコウクジラ											●					

千種区 東区 北区 西区 中村区 中区 昭和区 瑞穂区 熱田区 中川区 港区 南区 守山区 緑区 名東区 天白区

理したのが表5である。表がそのまま生息の記録とはいえないものも含まれている。10年以内の「出現」が、繁殖も行っている「生息」であるのかは区別する必要があるし、海獣や鯨類の記録の一部に不明なものも見られるが、大都市圏でもさまざまな哺乳類の出現・生息が確認できたことは間違いない。

中型哺乳類がいないと思われるような市街地にも外来種であるアライグマなどや在来種であるタヌキは生息している。町なかに捨てられた残飯などのゴミはそのまま食物になるし、わずかな藪や床下は彼らの休息場となる。かれらはそれら都市の環境に適応して生きるいわゆる「都市化」した動物といえる。

一方で、ノウサギ、ニホンリス、ムササビなどは食物となる実のなる樹木や巣となる大木や森が消え去る都市では生活できず、残されたわずかな緑地の中で絶滅の一途をたどっているように見える。

さらに、カモシカが生息しているという事実がある。カモシカは、以上の動物とはまた違った状況にあるといえる。これらさまざまな事情を抱えつつ混沌とした状況のなかで生活しているのが、名古屋市内の哺乳類の現状といえる。

東谷山のカモシカ

調査以前から、東谷山ではまれにハイカーや地元の住民の方々に写真を撮られており、カモシカがいることは知られていた。

調査を進めるうち、地元住民から「毎年春にカモシカが庭に現れ、園芸植物の新芽を食べていく」「カメラやビデオで撮影した」「裏山で小さな糞の塊を見た」との情報を得た。そこで、２００6年（平成18）9月に糞の確認をすべく小さな藪に入った。そこは涸《か》れ沢になっており、直線距離20m以内にカモシカ特有の糞塊を7個発見することができた（図104）。まさか、名古屋市内でカモシカのため糞を見つけることになるとは…いささか衝撃的な出来事であった。各糞塊は最近脱糞された新しいものが多く、一部に古いものも見られた。そのうち一つの糞塊に含まれる糞粒の長さは、ほかの糞粒にくらべ小さく幼獣のものと思われた。少なくとも成獣と幼獣の2頭はいることになる。

図104　東谷山で見つけたカモシカの糞

ニホンジカはいないので糞だけでも両種を間違えるはずはないが、確認のため周辺に自動撮影装置を何ヶ所か設置することにした。撮影された４０３枚の写真のうち56％でなんらかの哺乳類が撮影された。哺乳類ではアライグマ（89枚）、カモシカ（47枚）、ハクビシン（23枚）、タヌキ（21枚）、その他の順に多く撮影された。

カモシカが撮影された47枚のうち4枚で2頭が同時に撮影された。さらに4枚のうち3枚は成獣と幼獣の2頭連れであった（図105）。糞から推測できたようにやはり母子と思われるカモシカが確認できた。おそらくこの幼獣は東谷山生まれなのであろう。ひょっとしたら名古屋生まれのカモシ

図105　東谷山のカモシカたち（幼獣、左奥に成獣がいる）

カかもしれない。もちろん、動物園内での話ではない。カモシカは東谷山周辺で繁殖し生息しているといえる。

個体識別できた個体が少なく正確ではないが、撮影された前後の様子から見て、最少で2頭、最多で6頭、おそらく3～4頭が撮影されたと推測された。

東谷山での生息の確認地点は頂上部から山麓の人家までと幅広い。しかし、生活痕跡と姿の確認例が多いのは中腹の森林内であった。おそらく、この中腹域が生息の核心部分であろう。ここには人間が入り込むことがほとんどなく、食物となるアオキなども豊富にある。また、一年を通し流水のある小さな沢もいくつかあり、コンクリート堰堤《えんてい》や道路法面《のりめん》のコンクリート防護壁から析出するミネラル分にも事欠かない。山麓域は人家や農場さらに国道などが取り巻き、カモシカが生息する余地はほとんどない。しかし、この生息地はコンパクトながらカモシカの生息にとって好条件を備えている。

なぜ東谷山にカモシカがいるのか

実は東谷山でも昔、鹿狩りが行われた記録がある（田辺 1985）。1661年（正保《しょうほう》元）12月の御狩《おかり》では、鹿28頭、猪4頭が、年間では鹿413頭、猪101頭が捕獲され、翌1662年3月にも鹿91頭、猪24頭が捕らえられたという。大変な捕獲数である。東谷山周辺は狩猟のためにニホンジカの保護管理をする、いわゆる「鹿山」状態であったのだろうか。

この状況が続いていれば、今もニホンジカがいてもおかしくはない。しかし、現在ニホンジカやイノシシはいない。一方その記録の中にないカモシカが生息している。周辺をより広い視野で見渡せば、ニホンジカやイノシシが生息していない箇所は、名古屋市とその周辺の濃尾平野に限られている。ニホンジカの増加が指摘されている今日、ニホンジカがいない地域の方が珍しい。

直感ではあるが推論すれば、もともとニホンジカやイノシシが生息していた当地で、江戸期以降になると狩猟圧が高まり開発が進むことで、分布は岐阜県の美濃地方に後退したのであろう。当時、カモシカはニホンジカが多いこともありほとんど生息していなかった。この状態が今日にいたるまで続いたのだろう。ところが近年、カモシカの個体数の増加や人による撹乱《かくらん》により分布を拡げ、その前線が東谷山にまでいたったのであろう。野生動物の増減は、自身がもつ繁殖能力に依存するが、人間活動の影響も直接受けると思われる。東谷山のような分布の前線ではその影響が顕著に現れている可能性がある。

当地のカモシカがどのように評価されるかは、まず地元住民と行政の意思による。まだ評価が定まらない状況であれば、とりあえず現在の環境を維持することが必要になるだろう。同時に緑の回廊など周辺地域の保全も必要となる。緑の回廊は、分布を連続させ個体群をさらにその遺伝子を孤立させず絶滅させないために必要とされる。残念ながら当地では、彼らの「待避路」として必要になる場合があるかもしれない。

一方で、現在生息するカモシカが新たな配偶相手を見つけるために、若獣がなわばりを確保するために、今以上に分布域を拡大する可能性もある。東谷山で生活するカモシカにとって、当地は最後の砦《とりで》であろう。今後の生息状況の変化を慎重に見極める必要がある。

第5章　カモシカと私たち

1. カモシカと人との関わりの歴史

縄文・弥生時代

はたして、カモシカと人はどれほど昔から関わりあっているのだろうか。かかわりのほとんどが人からの一方的なものとしても、気になるところである。

縄文時代の貝塚などの遺跡からも、わずかにカモシカの骨が出土している（宮尾・西沢 1985）。今のところ、これが知られている一番古いカモシカと人のかかわりだろうか。私たちの祖先は、カモシカの肉や毛皮を利用したのだろう。おもに山間部からの出土が多いが、出土例はイノシシやニホンジカにくらべ少ない。滋賀県でも琵琶湖南端の粟津《あわづ》湖底遺跡（大津市）からカモシカの骨が出土しているにすぎない（松井 1992）。農耕を主とする弥生時代でも縄文時代と同じように狩猟が行われていたようである（山田 1985）。古代からカモシカは、わずかではあるが狩猟対象として人とのかかわりをもってきたことがうかがえる。

飛鳥・奈良・平安時代

飛鳥時代以降になると、ようやく文献にカモシカが見られるようになる。もっとも、大昔のことだから動物名に推測が入るし、事実としたらの話ではあるが。

たとえば、720年ごろに完成したといわれる日本書紀には天武天皇が皇太子以下重臣に「山羊皮」を贈った記録がある。この「山羊」はヤギではなく、カモシカのことらしい。つまりカモシカの皮を家臣に贈ったようである。漢字ではカモシカを「氈鹿」や「羚羊」と書く。これらのうち毛皮を意味する「氈」を古くは「かも」と読んできた。毛皮を利用する鹿だから「氈鹿《かもしか》」と呼ぶようになったのだろうか。古くからその毛皮は利用されてきたようだ。

同じく日本書記にある和歌に「柯麻之之（山羊）の小父」という箇所がある。この柯麻之之《かましし》（山羊）もカモシカのこと、つまり白髪が混じったカモシカの毛色に似た髪の小父という意味だといわれている。

同じ日本書記にある滋賀県内における動物の記述では、今の蒲生《がもう》・日野地域だろうか、「来田綿《くたわた》の蚊屋野《かやの》」に猪鹿が多いことは記されている。しかし、カモシカにふれた箇所はないようだ。そのほか、今の茨城県のことであろうか常陸国風土記《ひたちのくにふどき》に「山の宍」（カモシカ?）と「葦原《あしはら》の鹿」（ニホンジカ）の味が異なることが指摘されている。

蛇足かもしれないが、万葉集巻十一（２４９４）柿本人麿歌集に「高山の岑《みね》行くしゝの友を多み袖《そで》振らず来つ忘ると念《おも》ふな」（高い山の峰を歩く「しし」の群れのように、たくさんの友と別れもせずに出てきてしまったが、友を忘れてしまったとは思わないでほしい）という和歌がある。このなかの「しゝ」はカモシカのことだと指摘する著書がいくつもある（東 １９３５、上野 １９８７）。だが、カモシカが群れるとはとても思えないので、この和歌にある「しゝ」をカモシカとすることには疑問を感じる。もっとも、和歌を詠んだご本人の間違いなのかもしれないし、千年以上も前の和歌にある動物名を推測すること自体いささか無理なのかもしれない。

平安時代に編纂された延喜式は、宮廷の行事やそれに必要な物品を貢物として各地から取り立てる品名や数量などが記載されている。その中にしばしば見られるのが「零羊角」つまりカモシカの角である。同時期に編纂された医学書「大同類聚方《だいどうるいじゅほう》」によると、カモシカの角や肉は薬用として用いられていたようだ。おそらく、宮廷内でも薬として利用されていたのだろう。延喜式にある「近江國」の部分にも「零羊角四具」と記されている。カモシカの角を4頭分納めよという意味である。当時この地方にもカモシカが生息し、利用されていたことがうかがわれる。平安時代の辞書である「和名類聚抄《わみょうるいじゅしょう》」や「本草和名《ほんぞうわみょう》」にも、「加萬之々」や「加末之々」とカモシカの事項が存在する。

この時代の人々にとってカモシカは、すでに知られた動物だったようだ。

江戸時代

平安時代以降から江戸時代までのいわゆる中世といわれる時代には、カモシカの記録が見られないようである。しかし、薬用としてまた狩猟獣としてカモシカが利用され続けたであろうことは、容易に推測できる。

江戸時代に入ると、ふたたびカモシカの記述が見られるようになる。たとえば、当時のポピュラーな百科事典である『和漢三才図会《わかんさんさいずえ》』にもカモシカの図、特徴、利用方法が記載されている（図106）。この時代の本は、中国の書籍たとえば『本草綱目《こうもく》』からの受け売りの部分も多い。著者が直接見ることができず、風聞され一人歩きした情報も随所に見られる。たとえば、夜は角を樹の枝に懸けて眠る（『本朝食鑑』）といったような、疑問の残る箇所もある。そのほかにも、カモシカの目前で手ぬぐいを振り、それに気をとられじっとしているカモシカを獲る（『遠山奇談』）といった記述や図もある。

江戸時代といえば、生物の殺生を禁じた生類憐れみの令が出された時代である。しかし、農作物に被害を与える害獣の捕獲や、藩で行われる大規模な狩猟は許されていたようだ（永松 2005）。

江戸時代の近江を知るのに『近江輿地志略《よちしりゃく》』は欠かせない。これは、寒川辰清《さむかわたつきよ》により著された近江全般の地史の集大成である。このなかに「伊吹山［寺ヶ嶽］伊吹山南に登ること二十町餘にあり。（中略）（太平）寺の南、蔵之中といふ空谷あり、（中略）山嶮にして上ること叶わず、羚羊多し。熊狼の猛獣を怖れて崖木に角をかけて栖むともいふ」とある。伊吹山西斜面にある米原市太平寺《たいへいじ》付近のことだろうか、カモシカが多いと記されている。木に角をかける話は怪しげだが、伊吹山では、江戸時代にもカモシカが見られたようである。そのほか同書には近江各地の名産を記した「土産」の部もあるが、カモシカの名は出てこない。

図106 『和漢三才図会』

伊吹山にカモシカがいるとの話は、仙台藩伊達家の八男に生まれ、娘婿として近江国堅田《かたた》の藩主となり、その後、幕府若年寄として幕政に多くの功績を残した堀田正敦《まさあつ》の著書といわれる動物図鑑『観文獣譜《じゅうふ》』にもあるようだ。「ニクハカモシシト云テ江州伊吹山ニ多ク居ト云」という記述である。この地方のカモシカを「ニク」と呼んでいたこともわかる貴重な記録である。原本が解体されたりして不明なことが多い幻の獣譜といわれる同書であるが、今後の研究成果を心待ちにしたい（長岡 2001）。時代から推測すれば『近江輿地志略』が先だろうか。そのほか、県内各地に残された古文書のなかに獣類の記録が残されている可能性がある。

明治時代以降

明治時代に入ると、カモシカに関する資料の質や量が充実してくる。たとえば、伊藤圭介の著書『日本産物誌』に描かれたカモシカ（図中ではカモシシとなっている）は、それまでには見られない写実性に優れたみごとな図だ（図107）。

明治時代当初、カモシカは狩猟対象であり、江戸時代と同様に捕獲されていた。明治政府の行政機関である農商務省（1892）が「羚羊（カモシカ）ノ猟法」を公にしているほどである。

狩猟のプロ集団である「マタギ」の記録でも、当時さかんにカモシカが狩猟されていることが知られている。マタギによる狩猟ではクマ猟が有名だが、カモシカが本当のねらいであったとされる（千葉 1977、田口 1994）。信州の中部山

図107 『日本産物誌』カモシシ（カモシカ）

岳地帯でも、やはり著名な狩猟者の目的はカモシカであったようだ（千葉 1991）。

一方、明治時代の滋賀県内の記録にはカモシカの記録が見られない。県内には、明治末期から大正初期頃に各地の尋常高等小学校などが編纂した「郷土誌」に、当時生息していた生物の記録が遺されている。県史の元となるよう各地の詳細な地史が記されている貴重な資料で、今では絶滅したカワウソやオオカミが生息していた記録も残されている（図108）。しかし、そこにもカモシカの記録は見あたらない。当時まだ、猟期が限られてはいたがカモシカは狩猟獣であり、情報が隠蔽《いんぺい》されたとも思えない。カワウソよりもカモシカのほうが珍しい動物であったのだろうか。記録の裏づけとなる骨や皮など証拠のないことが問題点として残るが、注目すべき情報といえる。

全国的なカモシカの呼び方を拾遺《しゅうい》した北村嘉寶《かほう》（1982）は、県内のカモシカの呼び方として「ニク」をあげている。そのほかに「アホ」も記録されてはいる（鳥海 2005）。県内でも狩猟対象となるなど、さまざまな人との関わりがあったのだろう。

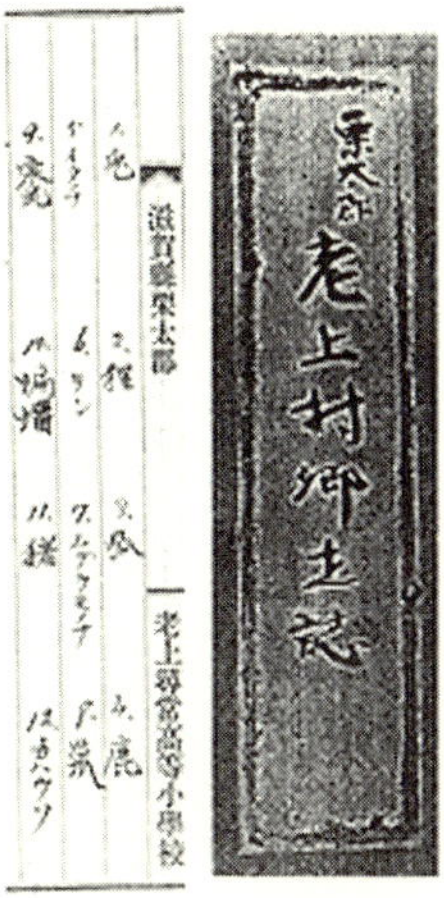

図108　郷土誌の記述の一例

その後、日本にしか生息しないカモシカは個体数も少なく減少傾向であったため、1925年（大正14）に法律で狩猟獣から外され捕獲が禁止された。さらに、1955年（昭和30）には国の特別天然記念物として保護されることとなったが、カモシカの個体数は減少し続けたようだ。その原因には、カモシカの毛皮、肉、角などを求めた密猟や戦争による混乱などがあげられる。そのため、1959年（昭和39）にはカモシカ密猟の取締りが強化され、全国で160名を超す検挙者を出す事件となった。こうして法律上は国宝級の手厚い保護下におかれることとなったが、その生態は不明なままであった。

2. 現代のカモシカと人

被害問題の発生と三庁合意

1970年（昭和45）前後になると、今度はヒノキなど造林木の幼樹を食害する害獣として、注目を浴びることになった。1950年前後から始まった拡大造林とそれまでの保護による個体数の増加が原因といわれている（常田 1985）。若い造林地に育つ豊富な下草や若い造林木は、分布域の重なったカモシカやニホンジカの食物量を増し、栄養状態を向上させ、やがて個体数が増加し、分布域も拡大することになる。そしてもちろん造林木を食害する。

野生動物と生業《なりわい》としての農林水産業の間には、いつの時代も獣害被害という問題が存在する。野生獣による農林産物への被害も、古代から続く人との関わりの一つといえる。せっかく植栽した苗木が食べられる（図109）。植え直してもまた食べられる。なんとか成長してもまっすぐに伸びず、材木としての価値がない。結局、林業家の造林に対する意欲にまで影響する被害が発生し、カモシカを減らすべしとの声が高まっていった。これに反対する声もあがり、さまざまな意見の中で社会問題化していった（伊東 1986）。カモシカが特別天然記念物であることから管理責任は国にあるとして、被害補償を求める裁判も行われた。

　このような状況の中で、種指定の特別天然記念物を解除し地域を限って保護管理する、被害防除の目的で捕獲を認める、の２点で国は基本政策を大きく変えることになった。１９７９年(昭和54)に合意されたカモシカに関係する環境庁(当時)、文化庁、林野庁による、いわゆる三庁合意である。保護区の設定とその保護管理のため、ようやく生息状況調査も始まった。現在、三庁合意から30年近くを経たが、法律上の進展はみられていない(図110)。しかし、毎年全国で１０００頭以上が捕獲・捕殺され続けており、特定鳥獣管理計画に移行して保護管理している県もあるなど、特別天然記念物としての意義は実質的には形骸化している。

図109　食害された造林木

図110　色あせたカモシカ保護地域の標識

カモシカの将来

人との関わりの中で、カモシカなど野生獣の取り扱い方は、時代とともに大きく変化してきた。カモシカをめぐる近年の論争は、林政のあり方、山村のあり方、私たちをとりまく自然のあり方などさまざまな問題を巻き込んで大きくなっていった。しかし、その中で野生動物としてのカモシカ像は、置き去りになってきた感がある。ヒトも含め、すべての生物は生態系のなかで翻弄《ほんろう》され、その動態は変化し続けている。カモシカの生息状況がどのように変化するのか、しっかりと見続ける必要がある。

山を管理し生業としている方々だけに動物による造林木への被害を押しつけるのは、許されることではない。一方で、カモシカだけにその原因を押しつけるのも片手落ちといえる。自分には無関係と思っていた「地球温暖化」が、じつは我々が生活の中で排出している二酸化炭素も原因であるらしいという例もある。山で起きていることが、その下流域に暮らす都市住民に関係がないわけはない。広く自然界で起こるさまざまな問題に無関係な人間はいないだろう。カモシカをめぐる問題もすべての人々にかかわるとの再認識が必要といえる。カモシカの将来は、我々すべての人間の手に委《ゆだ》ねられている。

ある夏の夕刻、カモシカを探して綿向山にある白倉調査地の藪内を探査していた。雷鳴がとどろきはじめ、急に暗くなり風も吹き出した。これは危ない、すぐに帰ろうとしたその時、目の前にいつも見ている「つがい」の2頭が現われた。暗すぎて撮影できる条件ではないが、中型の三脚を背

図111　白倉谷のつがい（手前が雄、奥が雌）

負っていたので、５００㎜のレンズをセットし、１秒ほどのスローシャッターをきった。後日、写真を見て驚いた。まわりのススキは風に波打っているのに、カモシカたちは微動だにしていなかった（図111）。世俗とはかかわりなくたくましく生き、さまざまなことを教えてくれたその姿を見ると、やはり私には、カモシカが「森の賢者」に見えてくる。

参考文献

愛知県郷土資料刊行会（1976）『張州雑志12』
秋本吉郎校注（1958）『日本古典文学大系2　風土記』岩波書店
浅田正彦・落合啓二・山中征夫（1995）「房総半島におけるニホンジカに対するヤマビルの寄生状況」『千葉県立中央博物館自然誌研究報告3(2)』千葉県立中央博物館
朝日重幸、塚本学編注（1995）『摘録鸚鵡籠中記上・下―元禄武士の日記―』岩波書店
阿部永ほか（2005）『日本の哺乳類（改訂版）』東海大学出版会
伊藤圭介（1877）『日本産物志』
東光治（1935）『萬葉動物考』人文書院
伊藤武吉（1971）「ニホンカモシカの発情周期および妊娠期間について」『哺乳動物学雑誌5(3)』日本哺乳動物学会
伊東祐朔（1986）『カモシカ騒動記』築地書館
岩根村（1906）『岩根村郷土誌』
上野益三（1987）『日本動物学史』八坂書房
老上村（1913）『老上村郷土誌』
大分県教育委員会（1980・1981）「祖母山系のニホンカモシカ生態調査中間報告Ⅰ・Ⅱ」『大分県文化財調査報告書47・53』
大野晃（2008）『限界集落と地域再生』高知新聞社
落合啓二（1992）『カモシカの生活誌』どうぶつ社
小野勇一（2000）『ニホンカモシカのたどった道』中央公論新社

かもしかの会関西（1996）『土山活動報告書』
かもしかの会関西（2008）『ニホンカモシカ、ニホンジカによる幼齢造林地被害防除マニュアル』
環境庁自然保護局（1989）「植生類型及び動物の分布を規定する要因」『第4回自然環境保全基礎調査総合解析報告書』
木内正敏ほか（1978）「朝日連峰朝日川流域のニホンカモシカ」『日本自然保護協会調査報告書第55号』㈶日本自然保護協会
岸元良輔・川道武男（1996）「単独性偶蹄類ニホンカモシカにおけるなわばり制と一夫一婦制（英文）」『Anim. behav. 52, 4』
北村嘉寶（1982）「ニホンカモシカの方言集」『美しい自然22』滋賀県自然保護協会
黒板勝美編（1979）『新訂増補国史大系26　延喜式』吉川弘文館
桑名満・矢沢高史（2004）「ニホンジカを誘引する土壌」『栃木県立博物館紀要―自然―21』栃木県立博物館
小金沢正昭（1999）「足尾山地における競争的相互作用の結果みられたカモシカとシカの個体群動態の変化（英文）」『Biosphere Conservation 2(1)』
小島憲之ほか校注（1973）『日本古典文学全集4　萬葉集三』小学館
小林勝志（1996）「造林地におけるニホンカモシカの食性―土山町白倉谷における直接観察―」『土山活動報告書』かもしかの会関西
坂本太郎ほか校注（1965・1967）『日本古典文学大系67・68　日本書紀上・下』岩波書店
寒川辰清、宇野健一新注（1976）『新註近江輿地志略　全』弘文堂書店
自然環境研究センター（1994）『カモシカ保護管理マニュアル』文化庁
下北野生動物研究グループ（1986）『カモシカとの共存をめざして―脇野沢村ニホンカモシカ調査総合報告書―』

高槻成紀（２００６）『シカの生態誌』東京大学出版会
高柳敦（２００９）「野生動物被害と農業・農山村」『農業と経済75(2)』昭和堂
田口洋美（１９９４）『マタギ―森と狩人の記録―』慶友社
武田栄夫（２００６）「気候と災害」『永源寺町史通史編』永源寺町
田辺爵（１９８５）「近世における守山の「風物誌」」『もりやま４』守山郷土史研究会
谷川健一編（１９７０）「遠山奇談」『日本庶民生活史料集成16』三一書房
千葉徳爾（１９７５）『狩猟伝承』法政大学出版局
千葉徳爾（１９７７）『狩猟伝承研究後篇』風間書房
千葉徳爾（１９９５）『オオカミはなぜ消えたか』新人物往来社
千葉彬司（１９９１）「人とのかかわり」『カモシカ／氷河期を生きた動物』信濃毎日新聞社
土山村ほか（１９０５・１９０６）『土山外四ヶ村郷土誌』
ティンバーゲンら（１９７７）『足跡は語る』思索社
寺島良安（１７１２）『倭漢三才図会』
常田邦彦（１９８５）「カモシカ保護管理の方向性」『哺乳類科学50』日本哺乳類学会
鳥海隼夫（２００５）『カモシカの民俗誌』無明舎出版
長岡由美子（２００１）「堀田正敦の獣譜」『国立博物館研究誌５７１』国立科学博物館
永松敦（２００５）『狩猟民俗研究』法蔵館
名古屋市（１９５９）『名古屋城史』名古屋市役所
名古屋市教育委員会編（１９６４）『名古屋叢書23　随筆編６　袂草・正事記』
名古屋市博物館（１９９２）『名古屋市博物館資料叢書２　和名類聚抄』

名和明（１９９１）「鈴鹿山地霊仙山におけるニホンカモシカの生態」『滋賀県自然誌』滋賀県
名和明（１９９３）「ニホンジカ、ニホンカモシカおよびヒト間の相互作用に関する基礎的研究」『平成３年度研究活動報告』TaKaRa ハーモニストファンド
名和明・山口剛宏（１９９５）「ある林道での野生動物生息状況」『美しい自然60』滋賀県自然保護協会
名和明・高柳敦（１９９６）「白倉谷におけるニホンカモシカ・ニホンジカの生息状況」『土山活動報告書』かもしかの会関西
名和明（２００３）「鈴鹿のカモシカ」『琵琶湖流域を読む（下）』サンライズ出版
名和明・石黒茂（２００８）「哺乳類」『新修名古屋市史資料編自然』名古屋市
日本自然保護協会（１９７８）『特別天然記念物カモシカに関する調査研究報告書』
農商務省編（１８９２）「狩猟図説」『近代日本狩猟図書館１（復刻）』大日本猟友会
野村ひろし（１９８９）『グリム童話』筑摩書房
畑正憲（１９７２）『われら動物みな兄弟』角川書店
人見必大著、島田勇雄訳注（１９８１）『東洋文庫　本朝食鑑５』平凡社
米田一彦（１９７６）『野生のカモシカ』無明社
槇佐知子全訳（１９９２）『大同類聚方』新泉社
松井章（１９９２）『南湖粟津航路⑵浚渫工事に伴う発掘調査報告書　粟津湖底遺跡』滋賀県教育委員会・財団法人滋賀県文化財保護協会
松谷みよ子（１９７３）『日本の民話10　残酷の悲劇』角川書店
三浦慎悟（１９８５）「ニホンカモシカにおける角輪と歯のセメント質の年輪による齢査定（英文）」『J. Wild manage.49』

三浦慎悟（1986）「カモシカにおける身体と角の成長パターン（英文）」『哺乳動物学雑誌11（1・2）』日本哺乳類学会
三重県教育委員会・滋賀県教育委員会（2000）『鈴鹿山地カモシカ保護地域特別調査報告書』
三重県教育委員会・滋賀県教育委員会（2008）『鈴鹿山地カモシカ保護地域第4回特別調査報告書』
南正人（2008）「個体史と繁殖成功　ニホンジカ」『日本の哺乳類学2』東京大学出版会
宮尾嶽雄（1977）『山の動物たちはいま』藤森書店
宮尾嶽雄・西沢寿晃（1985）「中部山岳地帯の動物」『季刊考古学⑾』雄山閣
山田昌久（1985）「弥生時代の狩猟」『歴史公論11⑸』雄山閣
横田博（1997）「廃屋と野生動物」『'97アニマ動物写真の世界』平凡社
與謝野寛ほか編（1926）「本草和名下巻」『日本古典全集1』日本古典全集刊行會
林野庁編（1969）『鳥獣行政の歩み』林野庁

おわりに

琵琶湖の水の多くは、県境をぐるりと取り巻く森で集められ河川を通り湖に入る。琵琶湖とともに森も河川も一体化して近江の自然を作り上げている。近江の自然を語る上で琵琶湖を外すことはできないが、同様にこれら流域も外すことはできない。

幸いなことに、滋賀県では今でもこのつながりを目にすることができる。たとえば、愛知《えち》川に近づくと黒々と続く河畔林《かはんりん》が目に飛び込んでくる。河口近くから川の両岸を被う森は断続的ながらも上流へ、山の森へと繋がっている。川は山の水を通し、淡水魚など水生生物の生活の場所や移動のための回廊（コリドー）となる。河畔林も緑の回廊として、山の植物や動物を上流から下流にさらに周辺に分散させる。河畔林を歩けばその一体感を感じ取れる。このような変化に富む環境のなかで、植物や動物など多様な生物が生活している。述べてきたカモシカもその一員であることはまちがいない。

本書の第一の目的もそのような森やカモシカの紹介にあった。かつては山の見廻りをする方などにお会いすることができた。より山など自然に近いところで生活されている方々にとって、野生動物を含む自然とは常に戦う相手であろう。その人々が大変な苦労をされて山や森を維持管理されてきた。その恩恵を受けているのは私だけではない。取越し苦労かもしれないが、最近は山で人にお会いすることも少なくなった気がする。今一度、近江の豊かな自然に思いを巡らせていただけたら幸いである。

第二の目的は、野生生物を対象にフィールドワーク（野外調査）をしてみたいという若者へ応援メッセージを発信することにあった。ずいぶん前のことになるが、学会での私の発表に対して、はたして意味があるのかと問われたことがあった。「このような報告も必要だ」と私のかわりに答えていただいたのは当時の学会長であった。淡々とデータを積み重ねる記載的な野外調査は、時間がかかるわりに新発見などの成果があげにくく理解されにくい。たしかに調査とはいえるが研究といえるかどうか指摘の言に理がある。データから何がわかるのかを解き明かす難しさが野外調査にはつきまとう。調査期間が長年にわたるという問題もあり躊躇する者も多い。しかし、データそのものは事実であり、百年後にも千年後にも活用できる可能性がある。データはその時代の自然を表す素材の一つで、遠い将来までも生き続けるものと信じている。

近江はすばらしいフィールドに恵まれている。関心があるなら、まず近くのフィールドに出てほしいと思う。調査の対象や目的は、なにも遠くの特別な自然のなかにだけあるのではない。身近な自然のなかにもさまざまな生き物やテーマが潜《ひそ》み、若い挑戦者を待ち受けている。

40代も半ばのころ、いつもの調査のほかに定年するまでに実現したい宿題が三つあった。フィールドである滋賀県内の哺乳類分布をまとめること、在住する名古屋市内の哺乳類分布をまとめること、長年見続けたカモシカなどの調査結果をまとめることであった。滋賀県内の哺乳類分布調査については、2000〜2002年の3年間、この種の調査としては四半世紀ぶりとなる環境省種多様性調査（哺乳類）の滋賀県分の計画、実施、とりまとめを行うことで実現した。名古屋市内の哺乳類分布調査は、名古屋市からの依頼で2004~2007年の4年間を調査にかけ、『新修名古屋市史』（共著）として実を結ぶことができた。最後の目標も3年かかったが、拙著の発行でなんとか達成することができた。これらの結果が、野生動物とヒトとの共存にいくらかでも寄与できたら幸いである。いずれの実現もチャンスを与えていただい方々、ご協力いただいた方々なしには不可能であった。本書への謝辞とともに、とくに次の皆様に深謝したい。

野外での師であり、ライバルでもあった学友の故大場祥史《しょうし》君にはフィールドワークのイロハを教えていただいた。若くして逝去された大場君の遺志を少しでも継いで今日まで調査を続けてきたつもりである。ご冥福をお祈りしたい。

京都大学大学院農学研究科森林生物研究室の高柳敦先生には、野生動物や被害問題に関するさまざまな助言をいただいた。本書中の綿向山《わたむきやま》での調査は共同研究となっていることもあらためて記しておきたい。北海道大学文学部地域科学システム講座の立澤《たつざわ》史郎先生には、シカ類の調査方法などに関してさまざまな助言をいただいた。お二人が学生の頃からのつきあいであるが、御礼とともども今後のご活躍をお祈りしたい。滋賀自然研究会会長の小林圭介先生には、霊仙山《りょうぜんさん》での調査当初から今日にいたるまで、さまざまな助言や活躍の機会をつくっていただいた。滋賀県内の調査に関して、先生にいつも見守っていただけるのは大変な励みとなっている。名古屋大学大学院農学研究科動物生産科学第1研究分野の織田銑一《せんいち》先生には、調査当初から関心を持っていただき、霊仙山の定点にも足を運んでいただいた。日本哺乳類学会会長としてご多忙のなか、拙著の帯の原稿をいただいた。個々のお名前を列記できないが、かもしかの会関西、滋賀自然環境研究会、名古屋哺乳類研究会の皆さんからも多大なご支援をいただいた。

本文中でも述べたが、地元の方々のご協力なくして調査はできなかった。特に米原市梓河内《あずさかわち》地区の皆さん、旧滋賀県造林公社の皆さん、甲賀《こうか》市土山町の皆さん、甲賀郡森林組合の皆さんにはさまざまなご協力をいただいた。現地でお会いした狩猟家の方々はもちろん、社団法人滋賀県猟友会の歴代会長からもたくさんの情報をいただいた。栃木県日光市足尾町での調査に際しては、日光森林管理署の皆さん、横田博さん、矢沢高史さん、羽尾伸一さんはじめ地元の皆様のご協力をいただいた。

最後になったが、奈良大学文学部地理学科の高橋春成《しゅんじょう》先生や本シリーズの著者でもある山﨑亨《とおる》さん、寺本憲之さん、藤岡康弘さんからは執筆の機会や激励をいただいた。サンライズ出版の岸田幸治さんには執筆依頼から何年も我慢強く待っていただき本書を作り上げていただいた。以上の皆さんに、あらためて心より御礼申し上げたい。

これまでの自分のフィールドサインを振り返れば、調査者としては及第点がつけられるかもしれない。しかし、研究者としての成果には未完な部分が多い。今しばらく「びわ湖の森」について考え、そして歩き、足跡を残そうと思う。

■著者略歴
名和　明（なわ　あきら）

1951年岐阜県生まれ

大学卒業後、愛知県立高校に生物教諭として奉職。現在、愛知県立小牧高校に勤務。

滋賀県生物環境アドバイザー、滋賀県生きもの調査（RDB）専門員、滋賀県希少種調査監視員、滋賀自然環境研究会幹事などを務め、さまざまな角度から哺乳類と関わっている。日本哺乳類学会所属

共著書：『滋賀県自然誌』（滋賀県自然保護財団、共著）、『米原町史通史編』（米原町、共著）、『びわ湖流域を読む』（サンライズ出版、共著）、『滋賀県で大切にすべき野生生物』（サンライズ出版、共著）、『新修名古屋市史資料編自然』（名古屋市、共著）など

びわ湖の森の生き物4

森の賢者カモシカ —鈴鹿山地の定点観察記—

2009年7月10日　初版1刷発行

著　者　名和　明

発行者　岩根順子

発行所　サンライズ出版

〒522-0004　滋賀県彦根市鳥居本町655-1

TEL 0749-22-0627　FAX 0749-23-7720

印刷・製本　P-NET信州

© Akira Nawa 2009

Printed in Japan

ISBN978-88325-389-0

乱丁本・落丁本は小社にてお取り替えします。

定価はカバーに表示しております。

びわ湖の森の生き物 シリーズ

日本最大の湖、琵琶湖をとりまく山野と河川には、大昔から人間の手が加わりながらも、人と野生動物とが共生する形で豊かな生態系が築かれてきました。当シリーズでは、水源として琵琶湖を育んできたこれらを「びわ湖の森」と名づけ、そこに生息する動植物の生態や彼らと人との関係を紹介していきます。

人家からそう遠くない場所に生きる彼らのことも、まだまだわからないことばかりです。生き物の謎解きに挑む各刊執筆者の調査・研究過程とともに、その驚きの生態や人々との興味深い関わりをお楽しみください。

■…既刊

1 空と森の王者 イヌワシとクマタカ
山﨑 亨

2 ドングリの木はなぜイモムシ、ケムシだらけなのか？
寺本憲之

3 川と湖の回遊魚 ビワマスの謎を探る
藤岡康弘

4 森の賢者カモシカ
—鈴鹿山地の定点観察記—
名和 明

以下続刊